AQ逆境商數

比IQ、EQ更重要，
讓你不被時代淘汰的應變力

卡爾・諾頓 Carl Naughton——著

杜子倩——譯

・目次・

第一章：又要改變？我受夠了　5

第二章：為什麼 AQ 至關重要？　11

第三章：AQ——我們的形塑引擎　17

　　　　再發現而不是新發明　19
　　　　工作形塑：把事情變成你喜歡的樣子　24

第四章：強大 AQ 的持續作用　27

　　　　AQ 在職場上帶給我們的優勢　30
　　　　重新定位所帶來的個人優勢　43

第五章：測試量表——你的 AQ 有多高？　53

第六章：增加你的思考 AQ　57

　　　　技巧 1：縮小感知範圍：新環境與舊模式　59
　　　　技巧 2：調整心理距離：推近與拉遠　68
　　　　技巧 3：彈性思維：嘗試多軌思考　75

第七章：增加你的情感 AQ　　81

技巧 4：緊張狀態管理：重新發現個人特質　　83
技巧 5：現實樂觀主義：區分成功與失敗的根源　　88
技巧 6：情緒管理：更妥善地處理無益的情緒　　102

第八章：增加你的行動 AQ　　109

技巧 7：積極行事：主動出擊　　111
技巧 8：應對技能：解決問題　　117
技巧 9：運用動機焦點　　125

第九章：不確定性中的 AQ 領導力　　133

容忍多義性，降低不確定性　　138
尋找高 AQ 的人才　　142
在不確定性中領導的 5 種技巧　　144

第十章：讓改變更快生發——以 AQ 打造新習慣　　157

關於習慣的迷思、誤解與怪事　　160
建立新習慣的基石　　171

結語：邁向未來　　215

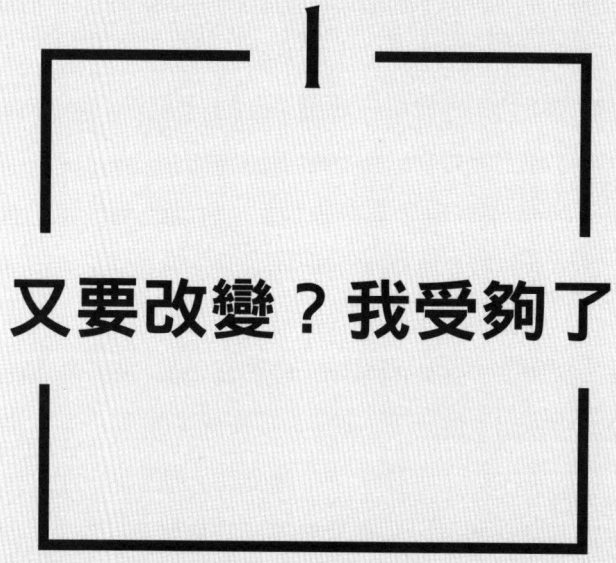

又要改變？我受夠了

就算你不喜歡改變，你也不會想變得無足輕重。
　　──艾瑞克‧新關將軍（General Eric Shinseki）

聖地牙哥角博物館船（Cap San Diego）的船艙是個適合思考的好地方，大概只有彼得・斯洛特戴克（Peter Sloterdijk）會這麼覺得。在漢堡港的潮起潮落中，我們坐在一間改裝成會議室的船艙裡，那是他準備演講的前置作業；在2016年的這天晚上，他將談論全球化和數位化的主題。

在準備採訪的過程中，我讀了他的一本書，其中長長的思維鏈一直延伸到這幾頁：**你必須改變你的生活**。他在書中寫到《實踐者的星球》和《上升學說》，並以此剖析了改變的衝動，其結果之一就是實踐者與發展者。在聆聽這位超級哲學家的思想時，我清楚意識到，我們每天都在反覆練習以不同的方式做事，練習應對嶄新的事物。我們為這個「不同」練習，我們感覺這「不同」就是「一切」，一切都不同。

「一切都不同？太棒了！」聽到有人這麼說，你可能會想這個人是不是吃錯藥。一直改變不是什麼好事，它帶來太多不確定性。在這個被迫追求敏捷的社會中，大部分人都是這麼認為。改變的意願頂多呈現常態分布，改變的能力也是如此。當你不斷換檔、改變方向，還能夠體驗並創造團結和意義嗎？奇怪的是，我們並不太喜歡在「做法一切照舊」的舒適和「饒了我吧，我已經適應新常態」的全球化後遺症之間調整。但是，我們卻以彷彿在爭奪世界盃的速度製造出這種緊張氛圍。

這一切的核心正是21世紀的主張：「你必須適應」、「達爾文主義」、「適者生存」。在不知不覺或不想承認的情況下，我們創造了一個未來：一個智商（IQ）和情商（EQ）都遠遠比

不上快速適應能力重要的未來。

為什麼這一點如此關鍵？我們太常將頭埋進精神上的沙子、藏進情緒的砂礫，因此我們再也無法抬起頭來，對未來的不確定性報以游刃有餘的笑容。本書的主旨就在改變這一點，它將強化你在21世紀的核心能力，也就是適應能力，並以「AQ」這個對應的商數來表示。根據定義，AQ會幫助我們適應不斷變化和嚴苛挑戰的環境，進而提升我們的生存能力。

唯一的問題是「適應」這個詞的觀感問題，它聽起來像是缺乏幸福感，它聽起來就像是你應該退而求其次，或許只有「改變」這個詞比它更糟。這兩個詞是我們社會發展的鴛鴦大盜，是讓人又愛又恨的激進分子、精神上的麻煩製造者，我們每天都必須與它們對抗。

「分門表決法」的遊戲實驗

為了清楚表示我們在「適應變化」與「堅持現狀」的緊張關係中無所不在的對抗，我設計了一個大膽的方法。幾年前，我在策劃一場博物館展覽時，我做了一個帶點研究性質的惡作劇，為展覽入口設計了類似德國聯邦議會「分門表決法」的概念。

聯邦議會實施的分門表決法是一種強制的決策方式。基本工具是三扇分別標示「是」、「否」和「棄權」的門，穿過三扇門中的一扇即會產生投票。我想藉此創造一種遊戲式的對抗，

來引發一個人對自身的適應力探討。

這場展覽陳述了我們數百萬年來行為的發展，我設置了兩個不同的入口，一個入口的標題是「世界迫使人類改變」，另一個入口的標題是「改變是人類的天性」。這種二分法隱含了挑戰成分，進入第一扇門的人會將自己視為環境改變的受害者，只要這邪惡世界放過他們，他們寧可保持現狀，這種態度的結果就是我們所說的「抵制改變」。

穿過第二扇門的人會更冷靜地看待這個問題，他們認為適應力是每個人與生俱來的，在持續變化的環境中是個優勢，其結果就是對改變持開放的態度。

你又會怎麼決定？

無論如何，困境和衝突是顯而易見的，我們可以透過兩種截然不同的方式來理解我們的人性。在21世紀，我們要做的正是選擇走進其中一扇門，這是每個人都必須做的決定。本書的目的就是讓這個決定成為好的決定。

當然，所謂的「達爾文天擇優勢」只是一種隱喻。我們當中那些適應力比較差的人並不會被毀滅，他們還是能很好地生活。但是，適應力強的人和企業確實能更好地應對世界，這種類型的AQ是一種狀態，而不是一個漸變的連續體。我們適應特定的環境，當情況改變時，適應要求也隨之改變。因此，AQ描述的是一種能夠適應不斷變化的動態特質，這其實是一種彈性配合的能力。

這聽起來可能有點太像健康鞋或彈性腰帶了。在我的「開

放心靈實驗室」（Open Mind Lab）中，我和商業心理學教授阿辛・沃特曼（Achim Wortmann）等德高望重的同事們，會用更微妙的方式探索這個問題。我們自問：**一個人擁有哪些可改變的能力，可以提升他們的 AQ？這些人必須具備什麼特質？這些特質如何變得可見且可衡量？企業如何找到並培養這些確保公司健全發展的人才？**

這個課題是如此迫切，似乎要把其他一切全推向一旁。而且這並不是一個新問題。卡爾─漢茲・厄勒（Karl-Heinz Oehler）在幾年前（2015）已提出這個觀點：「世界上最稀有的人格特質是堅韌、敏捷的思考和適應能力。換句話說，就是能夠應對不斷變化的情況而不會被困住的能力。」當時，還沒有因新冠疫情導致發展加速的說法，政府批准的在家辦公法規還遙不可及，「新常態」不是罵人的話，而是一個小眾的社會學術語。

然後，事情發生了。病毒控制了整個世界，一切都變了。現在是 2020 年 3 月。從那時起，每個「現在」都在改變。學校關閉，開放，關閉，餐廳，劇院，電影院開放，關閉，關閉，關閉，辦公室開著，關著，空無一人，坐滿四分之一的座位，有些人很煩，有些人翹首盼望，但未經檢疫卻不得進入。僅僅六個月之後，在 2020 年 9 月 1 日，《南德日報》提及新冠疫情引發的變化，並得出結論：數位化變革之所以有效，不僅是技術問題，更重要的是人的適應力。這種適應力分為三個方面：

適應力是一種先決條件。在穩定與變化的交互作用中，適應力強的人更為開放，對變化的抗拒情緒較小，他們對塑造變化的貢獻更大，他們更關注新的形勢。AQ是一種個人特質，是員工對動態工作環境做出反應的基礎。

適應力是一個關鍵鍊結。它影響人們接收變化的衝擊，兼具主動和被動成分。它既關係到人們如何調整自己，也關係到他們如何讓自己的環境、工作場所及其流程去適應需求，以及從中產生的所有混合型態。

適應力，顧名思義，是一種能力。其核心是我們應對變化和塑造變化的能力。當然，這種能力會隨著時間改變，我們的個人經歷和職場經歷、接受的培訓和指導，都會對此產生影響，這種可變性使我們能夠在不斷變化的條件下採取有效行動。對這一主題的研究還很新，目前大部分仍埋藏在學術文章中。但無論如何，我們每個人都可以變得更有適應力。適應力就像肌肉，是能鍛練出來的。

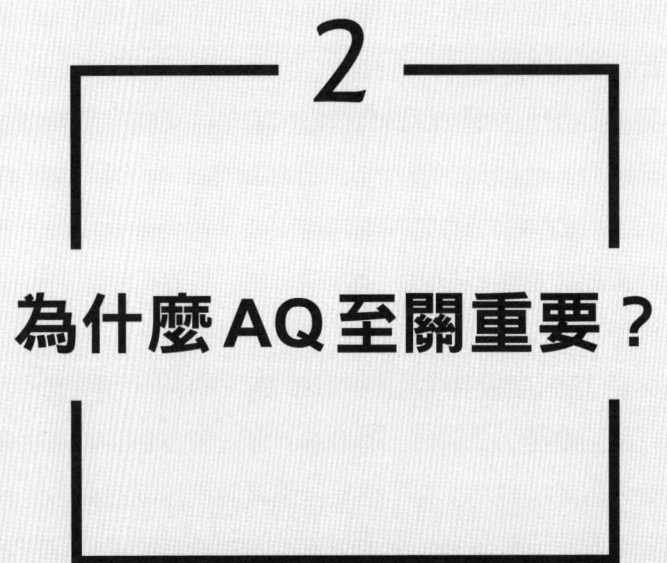

為什麼AQ至關重要？

> 與其不斷適應變化，為什麼不改變自己以適應變化呢？
> ——佛列德・艾默里（Fred Emery）

娜塔莉・弗拉托（Natalie Fratto）在2019年下了許多「未來賭注」；她本可以下273個賭注，因為這一年她收到了太多關於新創想法的投資詢問。這位技術投資者和風險資本家的賭注通常很高，雖然賠率不像博弈那麼糟糕，不過仍取決於偶然性。當她對未來下注時，她會小心觀察，盡可能避免意外。

這並不奇怪。令人訝異的是她所看重的東西，那就是創辦人的適應力。她運用三種技巧來評估這些人的AQ（適應性商數），因在她看來，AQ是預測創辦人成功機會最具說服力的指標，勝過IQ（智商）和EQ（情商）。

她的這些技巧完全符合實務需求。具體如下：首先，娜塔莉・弗拉托向受試者提出一個所謂「What if」問題：「如果……會怎麼樣？」例如「如果熱浪導致所有顧客都無法光顧你的商店該怎麼辦？」為什麼要提出這個模擬問題？娜塔莉認為，這會迫使大腦想像多個未來版本。在她看來，這種想像的強度和一個人擁有多少種不同想法，具有非凡的意義。在這一輪提問之後，她開始尋找「忘記」。在她眼中，積極的「忘卻者」會嘗試質疑已知的事物，並以新資訊覆蓋它，類似電腦的重新格式化。

因此，她更關心的不是「你學到了什麼新知識？」而是「你在哪方面進行了重新學習？」最後，她會將對方置於「利用與探索」的情況中。這是一個決策點，我們要決定是繼續採行現有的解決方案，還是去尋找其他的解決方案。後一種替代性思維對我們而言是一個長期挑戰，它迫使我們不斷嘗試和探

索。在娜塔莉看來，這就是我們的適應力所在：我們自己就是改變的自主觸發器。AQ無疑是創投家的熱門話題，但其他人又是如何看待它的呢？

適應力是可以測量的

適應力是一種超能力。正如許多關於我們人格的驚人發現一樣，它的起點開始於一個很小的問題：什麼樣的技能和特質，能夠用來描述一個人在快速變化中應對自如，甚至積極主動地做好準備？不過，這樣的模式一開始僅僅是理論，因此心理學必須透過實證來測試這些模式。研究者製作了調查問卷發放給許多人，並對回收的問卷進行統計分析，以便清楚看出理論模式是否也反映現實。

在2021年，荷蘭同事凱倫・凡達姆（Karen van Dam）和米歇爾・摩爾德斯（Michel Meulders）提出的實證證實，我們可以測量人的AQ。這份量表是用英語編寫的，阿辛・沃特曼、萊昂・法爾坎普（Leon Vahlkamp）和我在2021年製作了德文版本，同樣進行了實證測試，其結果放在本書第五章。我們並沒就此打住，我們還進一步研究了什麼因素會受到這種適應力的影響。

職涯研究者道格拉斯・T・霍爾（Douglas T. Hall）早在2002年就將適應力稱為一種職業元能力。原因在於，適應力反映了我們能夠改變的程度。大衛・歐康納爾（David O'Connell）等人在2008年總結了它的優勢之處：它由我們的能力和我們將變化付諸行動的動力所組成。這也適用於我們對變化的反應和我們對變化的創造，當我們對已經發生的變化做出反應時，我們可以改變自己的行為和能力，我們是被動的；當我們對正要開始的變化提前做好準備時，我們則是積極主動的。

因此，AQ的涵義遠不只是安穩過活，它既包括我們性格中穩定的特質，也包括我們性格中可塑的特質。培訓、日常經驗、他人影響都會對我們的適應力產生可測量的影響。早在2005年，人事決策研究院的蘿絲・穆勒－漢森（Rose Mueller-Hanson）等人即已指出，適應力強的領導人的技能是可以訓練出來的。大衛・歐康納爾等人在2008年觀察發現，AQ與員工的工作能力和工作意願密切相關。

而這究竟是如何發生的，我們將在接下來的章節中詳細介紹。這些章節結合了商業軼事和科學知識，科學為這些說法提供了基礎，所以它們並不僅僅是空泛的口號。在我參與AQ工作的這幾年裡，我親身經歷了AQ對我和其他人的影響。因此，從我的角度來看，這兩方面都有有趣的事可說。這會是一本豐富的材料，使21世紀的生活不僅能過下去，而且能更愉快、成功且有價值──除非你獨自生活在荒島上。假如是這樣，你就把這本書拿來生火吧。

在企業中，適應力也是熱門話題。根據權利管理組織2014年的Flux Report調查報告指出：91%的人力資源主管預測，應徵者面對不斷變化的能力，將成為首要的錄用標準之一。

而更重要的是，當你身上的三個面向合作無間，改變就會成功。瑪莉・亨內克（Marie Hennecke）等人（2014年）稱它們為：意願、能力和習慣。

　這三者都可以在本書中找到。意願和能力由AQ表示，最後一章則會討論習慣，包括培養新習慣、例行事項和行為的實證成功策略。

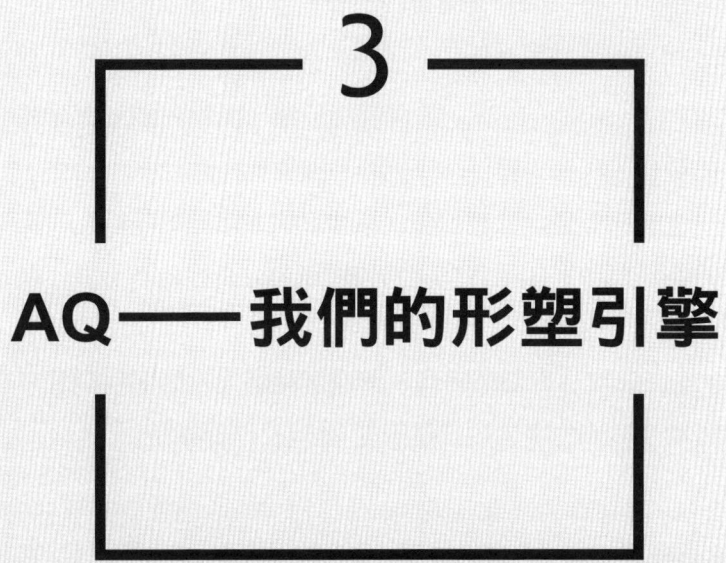

AQ——我們的形塑引擎

人人都想改變世界,卻沒有人願意改變自己。

——托爾斯泰(Leo Tolstoi)

靈活、無偏見，以及願意積極參與新的、不穩定或多義的工作環境，這些構成了適應力的要素。關於AQ，我們必須區分兩種模式：AQ的被動部分，指的是我們改變自己以適應工作環境的事實，例如透過學習，其結果是一種可重塑的自我。當我們適應已發生的變化時（我們使自己的行為適應新的慣例和規則），這個「自我」就會變得活躍，而當我們適應即將發生的變化（我們改變行為以更容易獲得晉升）時亦然。

　　主動部分是指改變環境，減少個人和環境的不匹配，例如透過角色創新。如果我們能夠和環境建立良好的契合度，就會提高滿足感和績效，並使我們更喜愛這份工作且任職更久。AQ也直接為公司帶來回報，透過這種個人化的環境設計，我們改變了我們的環境，且積極獨立地設計工作流程。

再發現而不是新發明

　　不同的日子，相同的鳥事。在過去，這種一致性培養了我們用複製的方式思考問題，首要目標是保持常規。要求始終如一，頂多就是提高標準。在那種穩定的時代，領導和工作就像一種可控的控制迴路，我們了解參數、了解員工、同事和上司，我們勝任愉快。然而邁入千禧年後，我們卻發現我們愈來愈常在穩定和不穩定之間徘徊。今天呢？全新的日子，不同的鳥事，每天都不同，不穩定是「新常態」。這讓人難受，為什麼？

　　訓練敏捷思維和行動的要求和我們個性的構造相牴觸，因為重新思考、換位思考和新思維的能力與我們某些核心的、穩定的個性特質密切相關。我們必須改變這些特質，才能改變自己。對於公司或管理者而言，「人格改變」並不是一件小事。

　　關鍵問題是：人格中與我們適應能力有關的哪些部分是可以改變的？其中一種模式是OCEAN模式。這個縮寫代表了我們的五種基本人格特質，亦即開放性（Openness）、自覺性

（Conscientiousness）、外向性（Extraversion）、親和性（Agreeableness）和神經質（Neurotizism）。

問題來了，這些特質中哪些與我們的適應能力有關呢？每當我在座談會上提出這個問題，大家總是不約而同回答「開放性」。很自然，如果你對新事物保持開放態度，你也會對變化持開放態度。這答案很有說服力，卻是錯的。事實上，人格心理學家黃峰（Jason Huang）等人的分析（2014年）顯示，開放性對我們的適應力完全沒有任何可測量出的影響。

但是，如果適應力和我們對新事物的開放性無關，那會和什麼有關？當我們對變化做出反應時，需要情緒穩定；而當我們主動接近變化，甚至自己做出變化時，則需要外向性格的推動。關鍵在於，這些人格特質極其穩定，它們無法像兒童遊戲區的沙子一樣簡單塑造，即使它們發生變化，也是像大陸板塊一樣緩慢艱難地變動。

醫學專家米茨・肯尼斯（Mitzy Kennis）等人（2013年）將我們的人格特質定位在腹側和背側紋狀體（屬於大腦基底節的一部分）以及腹側前額葉皮層（PFC）等部位。概略地說，前者負責組織動機、感覺、知覺和思維過程的交互作用。而腹側前額葉皮層與規律學習、克制和評估過程相關。同時，在某些情況下，例如在憂鬱症藥物治療的過程中，已經證實這些區域的神經元再生。因此，健康人的大腦中也能做些改變，只是相對有限。

然而，測量健康受試者的這種變化非常困難，因此神經心理學的同事需要兩組從一開始就絕對相似的人，符合這一定義的人就是同卵雙胞胎。事實上，雙胞胎研究是有的，關於人格發展的研究也有，但對於同卵雙胞胎中一個接受人格訓練，另一個則保持原樣，他們的發展有何差異，目前依然沒有研究。只有在治療方面，有一些數據可以證明心理治療介入對人格的改變。

更具指標性的是人格心理學家納森・哈德森（Nathan Hudson）所說的「意志人格變化」。相關研究傾向顯示，在一個可控的框架內，我們能夠慢慢地改變我們穩定的人格特質，使其朝著我們希望的方向發展，至少在短時間內是如此。但是，光靠意願並不會讓吸血鬼德古拉變成一個好人，約書亞・傑克森（Joshua Jackson）等人（2012年）認為：人的個性可以有所改變。但如果他不持續努力，改變並不會成為永遠。

茱莉亞・桑德（Julia Sander）等人（2017年）也證實了這一點：人格訓練成功兩年之後，改變又消失了。整體看來，改變是可能的，但實際上很難。在我們穩定的人格特質中，增加AQ的潛力並不大。不過，我們不僅有穩定的人格特質，也有不穩定的人格特質，而後者明顯地會受外在因素影響。

心理學家區分了兩種概念：狀態和特質。特質在不同情境中是穩定的，我們在不同情況下的行為非常相似，雖然不總是如此，但大多時候不變。因此，特質是我們的人格特徵，在很

大程度上是由基因決定的，我們能做的並不多，人無法透過參加週末研習會來改變眼睛顏色或身高。迄今為止，智力也一直被歸類於此，不過，如今這些研究已不再如此肯定，但這些考量已在其他刊物中提及，包括我自己的書《學習思考》，在此不再贅述。在許多情況下，我們的行為都是由特質決定的：人們在一月的眼睛顏色通常和十月的任何一天一樣，他們在一月也通常和十月一樣熱情友善、認真負責。

然而，有些人格特質只有在特定狀況下才會出現。它們與性格特徵恰恰相反，非常容易根據情況發生變化，我們稱之為「狀態」。我們中了樂透的心情，與我們去樂透站途中車子爆胎的心情是完全不同的。情緒、感覺、渴望，這些全都能迅速改變，它們不是特質，而是狀態。

然而，心理學中沒有任何東西是非黑即白的，既沒有「穩定特質」，也沒有「狀態特質」，相反地，兩者之間還存在兩個階段。這是件好事。當我們談論那些穩定但非一成不變的特徵時，例如身高和眼睛顏色，我們談的就是「類特質」，這些特徵不像狀態那樣易變，而是相當穩定。例如我們解決問題的能力，或我們對理解和掌握資訊的需求。

在這個連續光譜的「類狀態」另一邊，是那些不像情緒那樣短暫易逝，但明顯可以改變的特徵。例如好奇心就屬於這一類特徵，適應力也是。我的荷蘭同事凱倫・凡達姆是適應力研究的領軍人物之一，她和米歇爾・摩爾德斯（2021年）寫道，

我們的適應力正是一種「類狀態」的能力，它讓我們可以應對變化，而且這種能力本身是可變的，甚至會因為工作經歷、培訓和輔導就產生明顯變化。因此，我們不必在新的常態下重塑自己，我們只需重新發現自己，找出那些幫助我們在這個世界上愉快、從容地生存的「類狀態」人格特質。

工作形塑：把事情變成你喜歡的樣子

重新設計生活的理由有很多，德國某大型保險公司的一名員工也體會到了這一點。她在疫情期間來到法蘭克福，公寓當然沒有附家具，只有一張床，但是她從世界東邊的上一個停駐點過來時，既沒帶桌子，也沒帶椅子。實體辦公是不可能了，但她的居家辦公室什麼都沒有，所有的店都關閉了，她只好在床上工作，直到她的背痛到受不了。打造工作環境，有時候是出於一種不得已。

你那裡呢？叮咚。一封新郵件。叮咚。同一個寄件者傳訊我是否已讀郵件。叮咚。語音信箱已回覆了我還沒想到的答案。叮咚。約會提醒。叮咚。LinkedIn 聯絡人。叮咚。叮你媽的。工作滿足感就這樣節節下降。那麼，組織心理學是如何對抗這種不快樂的情緒呢？所謂「工作形塑」（Job-Crafting）的理念是，我們可以稍微「塑造」一下我們的工作，讓煩人的事變少，有趣的事變多。這不是一種娛樂包裝，而是積極塑造我

們完成任務的方式。

2019年，當我不再喜歡我的工作日常時，我做了改變，我依照自己的精力狀態，設定了固定時段來進行創造性和學術性工作。2020年3月，當一切都數位化時，我改變了工作場所，把畢德邁爾老式辦公桌改成一個帶三個液晶螢幕、可調整高度的辦公桌。我很快地做了「工作形塑」，事實上，當我們主動改變工作場所的任務和關係界限時，我們全都做了「工作形塑」，尤其當我們意識到自己和工作場所的契合度因變化而降低時，我們就會以特殊的方式重塑我們的工作環境。

對於自雇者來說，將工作塑造成自己喜歡的樣子，並以更多的樂趣和意願來完成工作幾乎是理所當然的，但對於一般員工，這幾乎是不可能的，對吧？但這件不可能的事情，卻被美國一間大學診所的清潔人員坎蒂絲・沃克（Candice Walker）挑戰了。

心理學家珍・達頓（Jane Dutton）和艾美・弗澤斯尼夫斯基（Amy Wrzesniewski）（2020年）多年來一直致力研究工作形塑，她們觀察並追蹤坎蒂絲如何透過改變工作方式，讓工作變得更有意義和成就感。對坎蒂絲來說，她的工作不僅包括「整理、打掃、做好每件事」，更是在一間「希望之家」對人們的健康做出貢獻。在某種意義上，她不認為自己是清潔女工，而更像是一名順勢治療師。透過這種不同視角，她確保快用完的東西能快速補充或更換，讓病患感覺「這裡的一切都在掌控之中」，因而能更放鬆、更快地康復。她也因此能夠給病

患更多關注，尤其當她注意到他們的疼痛、恐懼或孤獨時，她會與他們交談。「把事情變成喜歡的樣子」的原則即是如此運作。

那麼它在日常生活中如何應用呢？你可以檢視你一週的典型工作情況：你有哪些任務？具體列出這些任務，並記下它們所花費的時間。如果任務耗費你的精力，就在任務後面寫一個減號；如果任務給予你精力，就寫一個加號。接著看看加減平衡表：是加號多於減號嗎？你有情緒存款嗎？你希望減少哪些「能量殺手」，增加哪些「能量供給者」？

現在開始進行「形塑」，形塑的核心包含四個問題：你能調整什麼，多做什麼或少做什麼？你可以透過與他人合作改變什麼？你可以如何從不同角度看待任務，例如，這項活動對團隊、部門或公司有什麼價值？你可以怎麼做，使執行一項能量供給較少的活動更愉快？

透過這些問題，你就可以開始塑造你的工作環境和工作任務。首先集中精力於一兩件能帶來快速、重大變化或容易改變的事情，讓外部環境適應自己的需求，是提升工作滿意度最強的驅動力之一。可以說，重新塑造就是為了樂趣，但不僅僅只是樂趣，過去二十年的研究顯示，有目標性地調整環境以符合我們的需求，對我們的生活和工作有非常正面的影響。

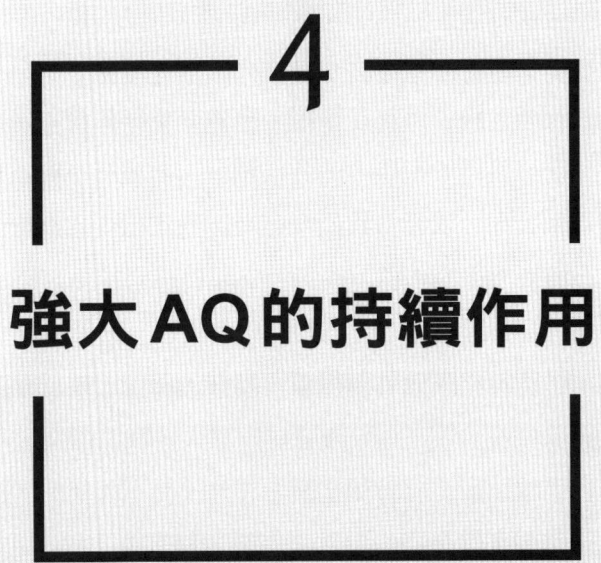

4
強大AQ的持續作用

> 所有的失敗都是無法適應。
> ——馬克斯・麥基翁（Max Mckeown）

史蒂芬‧霍金（Stephen Hawking）曾說：「智力就是適應變化的能力。」在這個充滿活力、瞬息萬變的世界裡，AQ是應對和獲取成功的關鍵要素，包括在個人生活或職場生活中。那麼，職場AQ和個人AQ包含哪些要素？

職場適應力以三個要素為基礎：認知、情感和行為領域。透過這些要素，我們得以在職場上有效滿足與任務和環境相關的要求。它們適用於工作中的各種情況：當組織不斷重組、當我們加入新公司、或者當我們升官時，我們很可能都至少正在經歷這三種要素中的一種，或者至少即將迎來其中一種。

公司希望擁有對工作充滿熱情的員工，如果找到這樣的人，公司自然希望讓他們獲得盡可能好的職位，這就是所謂的「個人與職位契合度」。作為潛在候選人，我們能為公司帶來什麼？我們的技術、能力和知識。履歷上是這樣寫的，面試時問的也是這些，但是捫心自問，有誰曾被問過：「你認為你的自我效能如何？」或者更間接一點：「以下描述有多大程度適用於你：『我能夠冷靜地面對困難，因為我總能依靠自己的能力』或者『在突發情況下，我總是知道該怎麼做』，請用1至7來打分數？」沒有？別擔心，這就是現實。公司的人資人員都是這樣被教導的，沒有人在尋找AQ，因為幾乎沒人知道它，也不懂它的重要性。

舉例來說：一家製造業的公司設定了一個目標，希望成為一家「有彈性的公司」。說得更犀利一點：一切都會更快速地變化，而公司將會改進以因應這種變化。為此，公司開始採用

新的方式，包括縮短開發時間或採用更貼近客戶的開發流程，並開始尋找了解 Scrum 並能進行「敏捷」開發的員工，如果員工不會，就教他們怎麼做。然而，這些人要從多年來一直習慣、已經接受過培訓並擁有心理資源的方式，一下子轉換到另一種部分需要相反心理能力的工作，這會帶來不小的影響。

比如，當 Scrum 團隊成員早上不得不把昨天辛苦完成的成果扔進垃圾桶，還得嘴上說著「這只是最小可行性產品（minimum *viable product*, MVP）的原型設計」，貌似開心地重新開始，即使心中其實覺得 Scrum 主事人是否腦袋進水，這時問題遲早會出現：我們需要什麼樣的心理平衡砝碼，才能避免這種情況，讓我們在 21 世紀的公司員工具備工作的能力和意願？

至於適應力對個人生活層面的影響，也有一些令人振奮的結果。這並不奇怪。我們在辦公室成功完成任務的能力和特質，在與家人和朋友相處時也會存在。在這方面也有一些結果值得我們閱讀和思考。

AQ 在職場上帶給我們的優勢

創意：源源不絕的點子

適應力主要體現在我們能夠有創意地解決問題，並以創新的方式應對各種情況。創意是適應力最純粹的形式，正是我們的適應力幫助我們設計解決方案。人格心理學家一直在探討究竟是什麼造就出具有創意的人格，但直到現在才揭示出真正可靠的結果。

克萊格・華萊士（Craig Wallace）等人（2016年）觀察到，除了對新經驗的開放性之外，所謂的「調節焦點」起著決定性的作用。這是我們人類摸索解決方案的方式，我們既可以全力以赴，以「不入虎穴，焉得虎子」的精神來做事，也可以抱著「小心駛得萬年船」的心態行事，也就是以預防為主。差別在於是否願意冒險，而這正是 AQ 的核心所在。

為了更深入了解這一點，研究人員邀請了電氣和管道業兩

家公司的346名員工，他們被分為75個工作小組，分別由75名不同的主管負責。雖然這類行業可能不大需要創新，但經常尋求更高效且更環保的方法。在三個月的時間裡，研究人員對這些小組進行追蹤調查，其中有兩人小組，也有十八人小組。結果發現，願意為實現目標而承擔風險的意願，與創意成果之間有明顯的關聯性。簡言之，AQ愈高，創意愈多，但是關鍵不僅僅是蒐集創意而已。

打造創新文化

變化日新月異、產品生命週期愈來愈短，加上全球消費鏈的影響，都使企業面臨日益增加的創新壓力，他們希望按個按鈕就能實現創新。無論是在大公司還是新創公司，我們都感受到這種壓力，內部溝通愈來愈頻繁地傳達：「新想法，現在就要！快就好，別管別的！」而這兩者的共通需求就是激發新創意。

2011年冬天，我在米蘭與一個經理人團隊合作，以小組形式為《2020策略》做出新創貢獻。新點子層出不窮，勃然迸發，打破成規，它們要求著大的舞台，要讓史卡拉歌劇院只不過像個小表演空間，我甚至來不及記錄這些經驗豐富的創意者的想法。但是萬事總有盡頭，午休時間到了。之後大家再次會合，是時候展現我們踴躍蒐集到的想法並評估它們的實用性了，然而在下午的座談中，令人興奮的想法並沒出現，而問題顯然不是出在義大利美食。

近年來，我不止一次看見許多公司的團隊在這個時候靈感枯竭。當他們面臨轉型困境時會說：「是啊，諾頓先生，我們有很多想法，可惜就是沒有創新精神。您能不能幫我們建立一種小範圍的創新文化呢？」當然，這種不受歡迎的反思對所有文化參與者都是必要的。杜秉叡（音譯：Ben-Roy Do）、葉弼雯（音譯：Pi-Wen Yeh）和靖恩・美德森（Jean Madsen）（2016年）觀察到適應力與創新之間的相關性。在這項研究中，AQ較高的團隊更容易接受現實，因此，他們將精力集中在理解並應對這一現實面，而AQ較低的團隊則經常尋找現實不應該是如此的理由。這就是高AQ團隊能更快速重塑的原因，他們關注的是可行的東西，而不是理想中很棒的東西，而這正是將新想法付諸實行的基礎。

當時米蘭的情況恰恰相反，小組的方法是在否認現實的情況下制定的；它們是願望清單，不是解決方案。由於預料到這種差距，參與者收回了原有的想法，結束了尋求創意的努力。

創意支持（Idea Championing）是「擁有創意」與「執行創意」之間缺少的關鍵。馬泰・賽爾尼（Matej Cerne）和米哈・史科拉瓦吉（Miha Škerlavaj）（2017年）的研究顯示，這一點和AQ大有關聯。他們對92個團隊的505名員工和他們的直屬主管進行了兩輪追蹤調查，結果顯示，與創意在團隊成員中分布較為平均的情況相比，特別優秀突出的個人更有可能在創意生成方面引領團隊創新。這種人的特點是思維特別靈活，而這正是AQ的核心所在，如果團隊中有這樣一位「AQ冠

軍」，他就是推動創意生成到創意實現的推手；如果團隊中沒有這樣的「AQ冠軍」，但有幾位高AQ成員，那麼開發創意的工作就會更有條理，因為這樣更有可能帶來團隊創新。

適應力是實現想法的重要驅動力，為此我們必須重新思考，我們甚至必須監督自己的行為是否適應新事物。畢竟，我們需要具備採取新行為的動力，這不僅是重新調整自己的焦點，更要願意承擔隨之而來的風險。

結論是：沒有適應力就沒有創新，反之亦然。想要創新，我們必須能適應新的想法、推廣並實行它們。此外，這種狀況下的適應是出於自願，不是被迫，它需要積極的行動，它不僅涉及適應力，還涉及承擔風險的意願。

2021年，我們調查了230名企業員工員，包括全職和兼職、管理階層，以了解他們的創新行為和使用新技術的意願，結果顯示，AQ與創新行為和對技術的態度明顯有關連。提高個人AQ將使接受新技術的意願提高23％。[1]這同樣適用於創新行為，而這一見解也經得起現實的檢驗。2011年，《哈佛商業評論》也報導了適應力的有力優勢，文章指出，在2008年，寶潔公司的十名高素質員工能夠創建約一萬個設計模擬，在短短幾個小時內就能完成以前需要數週才能完成的模型。為此，他

---

[1] 在心理學統計中，這被稱為回歸結果。回歸可以提供資訊，說明人與人之間的差異在多大程度上可以用「適應力」來解釋。同時，它還能說明所謂的「槓桿效應」。例如，這說明當一個人的適應力得到提高（例如透過培訓）時，他對變化的厭惡程度會發生多大的變化。

們必須極快速做出決策、調整方法、放棄想法、開發新想法、獲取回饋並執行整個計畫。這就是純粹的適應力。

減少對新事物的恐懼

　　2014年，鷹山諮詢公司（Eagle Hill）對一千人進行調查，了解他們應對變化的能力：70%的人表示，變化讓他們感到不安和緊張，因為變化要求太多靈活性。然而奇怪的是，在許多情況下，變化本身並不是問題所在，壓力是源自與工作環境變化有關的不確定性。

　　因此，克莉絲汀・庫倫（Kristin Cullen）等人在研究職業變化的影響時，探討了適應力與我們如何應對不確定性之間的關係。他們的研究對象是一間配送中心的500名員工。由於一直在追求流程優化，變化已是家常便飯，每天都有手腕掃描器、擴增實境眼鏡等等，所有你想得到的自動化類型他們都在嘗試。「沒有什麼是不變的」，這不是廣告標語，而是日常經驗。無怪乎員工會在訪談中抱怨：「公司的期望愈來愈高」、「工作愈來愈複雜」。恐懼和不確定性經常被提及，儘管不確定性嚴格來說不是一種感受。研究小組觀察到，AQ較低的人更容易提及這些擔憂，而適應力愈強的人，在事態難以預料的不確定情況下更能夠保持行動力。值得注意的是，適應力強的人能夠以全新視角看待變化，並擴大行動範圍。他側重於重新調整自己，以應對或預測不確定的條件和情況，而這種重新定

位明確掌握在我們自己手中。

美洛娜・奇拉恩（Melrona Kirrane）等人（2016年）指出：個人對變化的反應在很大程度上受到可用的心理資源所影響。

基於這層關聯性，珍・帕倫特（Jane D. Parent）在2006年的論文中得出一個奇特的結論。她認為，適應新事物和新變化不僅包括克服變化，還包括在變化中茁壯成長。總的來說，她認為有四種適應策略：「潛水者」（Diver）在變化之後無法再發揮作用而沉沒；「倖存者」（Survivor）雖然能應對新事物，但工作水準低於變化之前；「復甦者」（Reviver）可以從變化造成的混亂中恢復過來，工作水準和變化之前相同；最後是「茁壯者」（Thriver），其工作水準比變化之前更高。「茁壯者」也擁有最高的AQ。

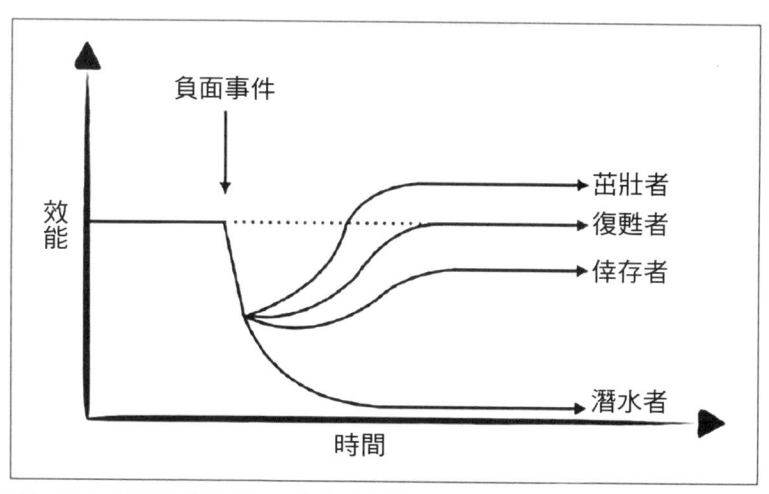

圖片來源：根據帕倫特（2006年）的原圖修改

2021年，我們和幾位同事進一步研究了AQ和我們改變意願之間的關連，以及是否可以用AQ來預測這種改變意願。我們使用了德文版的AQ測試量表和已使用多年的改變量表來測量人們對改變的厭惡程度，結果顯示，個人AQ的提高，會使對改變的厭惡程度降低42%。這一結果相當令人驚訝，因為一般會認為，改變意願涉及的影響因素應該比AQ的三個面向更多。

我們不應低估這一結果的重要性，因為在21世紀，組織成員的改變意願是組織保持競爭力的決定性因素。它被視為鼓勵組織成員支持轉變計畫的關鍵因素之一，而支持程度也在很大程度上取決於個人對組織改變的態度。

更高的工作滿意度

關於人們對工作滿意度的科學調查，其中包含一個問題：「你對工作的滿意度如何？」克莉絲汀・L・多爾比爾（Christyn L. Dolbier）和她的同事在2005年再次驗證了這個問題。我們的「工作滿意度」是取決於我們過去的經驗和現在的印象，並且會反過來影響我們對工作的期望。滿意度反映了實際結果與期望值的吻合程度，它當然受到許多因素的影響，包括工作本身、薪資、發展機會、管理風格、同事、角色清晰度和工作與生活的平衡，也受到個人信念、價值觀和核心能力等因素的影響。

我們能在有限的程度上觀察到這一點,透過一些可觀察的結果。例如,這些行為可以提高生產率、減少員工流動率,甚至提高客戶滿意度。勞動研究者麥克・索尼（Michael Sony）和南達庫馬爾・梅寇斯（Nandakumar Mekoth）收集了能源業517名第一線員工的調查結果。他們發現,適應力與工作滿意度存在高度正相關。

在艱鉅的任務和死線帶來的緊繃氣氛下保持鎮定,同時控制挫敗感和疲憊感,這就是高AQ人士的特點。羅伯特・普洛哈特（Robert Ployhart）和保羅・布里斯（Paul Bliese）（2000年）證實了這一點,並強調這些人即使在壓力極大的情況下依然神色自若,不會對緊張的消息反應過度。哪怕行事曆滿檔,他們也有本事處之泰然,並能善用自己的正面情緒。因此在瞬息萬變的情況下,他們更為從容,並能較放鬆地執行任務。

適應性績效

幾乎每個組織的規章都寫著:「要求員工具備適應性績效」。這是什麼?為什麼它很重要?適應性績效就是要求我們不僅能夠適應,而且能夠持續將我們的表現適應新的要求。

目前的研究將我們的工作績效分為四類:任務績效、情境績效或組織公民行為、反生產力工作行為和退卻行為。伊蓮・普拉科斯（Elaine Pulakos）等人（2000年）希望將適應性績效增加進來,以解釋21世紀的績效表現。因為適應性績效總結了

我們未曾科學地思考過的事情，它的重點在於獲得新技能，而舊有的任務績效和情境績效，反映的是展現這些技能的行為。

主要的區別在於我們的行為有所改變。首先，適應性績效是一種我們對外部變化的反應，如果我們做慣了的工作突然出現新要求，而我們必須滿足這些要求，但我們的反應卻是：「我不是被請來做這個的」，你大概就會理解：這關係到我們的適應性績效和接受要求的適應力。

處理緊急情況、承受巨大壓力、有創意地解決問題、處理不可預測的意外、掌握不熟悉的任務，以及運用新技術和新方法時，這種適應性績效的優勢最為明顯。這些都是大多數人每天要面對的挑戰。適應力反映了我們在這方面的表現。而在這些方面表現優異的人通常也具有相當高的適應力。普拉科斯（2009年）針對739人進行的一項調查中也觀察到這一點。

快速學習的能力

很明顯，快速學習和再學習是AQ的核心要素之一。這正是愛倫‧博默思海姆（Ellen Bommersheim）所瞄準並投入的商機，她販售這項新技能，更確切地說，她是康百士（Kompass）這家提供新創企業支援的領先公司的總經理。2020年5月，她驚訝於再也沒有人購買這種知識了，這原本應該是個絕佳時機：整個德國首次進入居家辦公狀態，半數的德國人被要求接受短期工作，IG、臉書和抖音上全是重新設計花

園、露臺和閣樓的DIY者。人們對知識的渴望顯然沒有在DIY商店瘋狂採購的誘惑力來得大，原因在於，在新冠疫情第一階段開始的短期工作期間，沒有人將時間投資在進修上，因為這遠超出人們的經濟能力，他們寧願做做園藝工作，再靜觀其變。

然後，學手工藝的興致來了：繩結編織、素描、蠟染。這是2020年夏季課程的前三名，我們幾乎看不到為了更好地應對世界或日益擴展的數位化而進修的課程。學習新知的熱情去了哪裡？大多數人似乎不想要補足自己的表現缺口，寧可修剪樹籬。

擁有較高AQ的人，除了修剪樹籬外也能得分。他們樂於學習新途徑和新方法來完成工作，對他們而言，重要的是去除小弱點，而不僅僅是單向地增強既有的優勢，這同時也滿足了他們與時俱進的渴望。研究顯示，個人AQ的變化會帶來34％的不確定容忍度的變化。哈勒維騰馬丁路德大學的克勞蒂亞‧達伯爾特（Claudia Dalbert）（1999年）製作了一份量表，觀察到更能容忍不確定性的人更願意進入未知的情境，並能夠更成功地處理這些情況。許多職業要求和變化帶來的正是這種現象，幾乎每天都需要增加機動性、彈性工作、職位異動，甚至靈活的實體工作地點分配，團隊和專案總是在變化。達伯特認為，對不確定性的容忍是一種個人優勢，現在我們可以證明，高AQ對這種能力有顯著的正面影響。

我經常與人資經理交談，得知這一點並未受到足夠重視。

曾有一項叫做「機械電子技師4.0運動」的進修計畫，不僅保證他們被雇用，還在工作時間內、在他們熟悉的環境提供進一步的培訓。儘管如此，在第一次投票中，只有2%的人贊成這種自願進修。

仔細想想，這也不難理解。這種不情願的原因之一在研究中總被膚淺地歸咎於「消極的學習生涯」，那些一輩子都意識到自己學習落後、不善於學習的人，不會在「4.0運動」中忘記這些不愉快的經驗。但仍有一些方法可以幫助這些人，首要應該投資提高員工的適應力；如此一來，他們更有可能去接受培訓。反過來則行不通。單純的進修機會不會讓人變得更具適應能力，這是行不通的。如果不確保員工具備一定程度的適應力，這就好比教一個已經討厭跑步的人練習衝刺一樣。

快速適應不同工作地點的能力

「無界線的職業」正在成為日常，「外包」和「精簡規模」成為潮流。這些奇特的術語描述了人們必須斜槓或從事不同行業的狀態。此外，在不久的將來，人們將不得不從事與幾天或幾週之前不同的工作。這是一個在21世紀成為核心的想法：企業不是由「職位」組成的，而是各種需要完成的「任務」組成的。

儘管管理學學者威廉・布里奇斯（William Bridges）早在20世紀末就已提出這種對工作的理解，但這種理解直到現在才

真正顯現出來：在不斷進行和合併的重組中、在強制推行的工作型態中、在重組的團隊和流程中，個人職涯劇烈異動已是日常。因此，自主地應對職業變化、重新學習和「清除所學」也愈來愈普遍。

近幾十年來，隨著組織和地點更動的就業履歷愈來愈常見。如果你能忍受技術官僚式的說法，這就是一種自我修正；如果你想讓它聽起來更有學問，可以稱作一種激進的身分認同工作。無論哪一種，帶來的都是不確定的感覺，以及如何容忍不確定性的問題，而這顯然與你個人的能力有關。調整方向愈不自主，對不確定的容忍度以及加強這種容忍度的資源就愈發重要。簡單來說，被剝奪了原有身分的人，很難立即建立面向未來的態度，但這是至關重要的。

組織心理學家卡特琳・奧托（Kathleen Otto）和克勞蒂亞・達爾伯特（2012年）指出，在調整方向的改變過程中，有一些資源十分關鍵，包括團隊精神、靈活性、自我效能感、行動替代方案思維、創意，所有這些特質都經統計證明與對不確定性的容忍度相關。這一切總是說起來簡單，做起來難，當工作環境變得動盪不安，所謂的重新思考成為例行任務時，有人能因而茁壯，另一些人則感到心理甚至生理上的壓力。

凱倫・凡達姆和米歇爾・摩爾德斯（2021年）指出，持久的職業生涯需要適應性和自我調節（即有目標性、積極主動）的行為。成功順應職場變化的靈活性，用專業術語來說就是「職業適應性」，這依賴明確界定的資源。如今這一預測得到

了研究的支持，研究證實了直覺的預測，也就是建立網路和更新技能是關鍵所在。但不只如此，AQ及其引發的自信心和自我效能感的增強，顯然愈來愈受重視。羅伯特・莫里森（Robert Morisson）和道格拉斯・霍爾（Douglas Hall）2001年對年長員工的研究就證明了這一點，他們最擔心的是自己的技能可能即將落伍。

而這當然日益影響到我們每一個人，因為我們所從事的工作技能也正在消逝和倍增。知識會衰落，且它的半衰期正在以火箭般的速度縮短，如果你充分相信自己所掌握的技能在明天也會一樣受雇主重視，這是很有用的。安德烈亞斯・赫爾西（Andreas Hirschi）的研究（2009年）對330名瑞士德語區的中學生進行了長期追蹤研究，從八年級開始到結束，研究結果顯示，可測量的AQ準確地預測了青少年日後對自己未來的掌控和幸福感。

克里斯提安・馬喬歐利（Christian Maggiori）等人（2013年）研究了成年人的職業適應力，他們來自瑞士的研究報告指出，在2002位參與研究的受試者中，適應力與總體和職業幸福感顯著相關，AQ甚至影響了工作挑戰被視為幸福負擔的程度。最後，在2019年，楊絮華（音譯：Xuhua Yang）等人發表的一項針對中國的研究，顯示了職業適應力對工作投入度的影響程度，而工作投入度又與受訪者的個人幸福感相關。

重新定位所帶來的個人優勢

更多幸福感

「當前的變化令我不安」和「我對現在的生活很滿意」這兩句話顯然並不相容。IG上經常有些激勵人心的口號:「跑!往前跑!沒有煞車、沒有方向盤。跑就對了!」另一方面,那些能夠更快調整方向、更輕鬆地應對變化的要求、能夠更自然地接受並非所有事情都能照計畫走的人,更有可能對自己的生活感到滿意。這件事可說還算直觀,從心理學來看,適應力包括應對變化和利用變化的能力,還有意外事件改變生活計畫時的恢復能力。在生活中,事情往往不會按照你計畫或所希望的方式發展,2020年尤其清楚說明了這一點。

2020年5月26日,伊莉莎白・希斯(Elizabeth Heath)在《華盛頓郵報》上寫道:「在新冠病毒時代,適應力可能是最基本的技能。」她引用勞理・萊旺德(Laurie Leinwand)的觀

點:「變化就如洶湧的水流,逆流而上永遠無法抵達岸邊。我建議人們像駕馭波浪一樣駕馭變化,如果你處於低谷,高潮一定會隨之而來。」這就是需求的轉變。對這些人來說,與其從A計畫到Z,不如從A計畫到B,然後在B繼續開展,因為當他們到達B時,情況也許又變了。

2020年3月我也寫了些東西。不是為了報紙,而是為我自己,寫在我心靈的筆記本上:「現在呢?」很有文采,我知道,這是我的典型風格。當一個習慣在舞台上對滿場觀眾演講的人,七天內有99%的演講被取消,他會變得有點沉默。這時只剩下最基本的問題可談,例如:如果你沒機會從事一項職業,那麼這項職業究竟存不存在?只有涓涓細流般的收入,很快就會乾涸。靠這個要養活至少一半收入通常來自表演的家庭很難,我可以依靠演出取消的費用過活,等待一切恢復正常(當時還沒有「新常態」這個詞)。

或者,我可以重新思考,反正除了焦慮地望著辦公室窗外樹木繁茂的群山,我也無事可做。而當我查看2020年12月開立的發票時,發現我度過了職業生涯中最成功的一年。在過去幾個月裡,我的焦慮不安已變成輕鬆專注的「好吧,如果不是這樣,那麼會怎樣?」到了12月,我筋疲力竭,但也心滿意足。透過「重新組織」,我發現我的技能在一個天翻地覆的世界中得到了發揮。

我們既是產品,也是生產者,這尤其關乎我們對自己、工作和生活的整體滿足感。我們生產自己的幸福,這個詞彙指的

遠不只是我們的健康，更關乎一個人的整體。這聽起來似乎過於深奧，難以引起科學上的關注。但如今，在研究職場和私人領域的工作意願和能力時，幸福感已成為一項嚴格的標準。

在一份綜合性研究中，政治學暨經濟學學者羅伯特‧J‧埃格爾（Robert J. Eger III）等人（2015年）指出，幸福感與工作績效、心理健康、身體健康，甚至我們快樂度過的壽命年數都有強烈的正相關性。周謐（音譯：Mi Zhou）和林偉鵬（音譯：Weipeng Lin）（2016年）也指出了生活滿意度與適應力的關聯。

能夠以不同方法應對不同情境，這對心理健康好處多多，例如更高的生活滿意度、更高的自我價值感和更強的目標感，我的好友兼同事托德‧卡什丹教授（Prof. Dr. Todd Kashdan）和喬許‧羅騰伯格（Josh Rottenberg）在2010年清楚證明，在不確定的時期，適應力就像心靈的防護罩。

在每間辦公室都有幸福感

心理學家暨幸福感學者頌雅‧路伯米爾斯基（Sonja Lyubomirsky）在2005年發現，讓人在工作中茁壯成長的，不僅僅是知識與技能，關鍵是適應新事物並為新事物做好準備的能力。實驗研究（即不只簡單調查意見，而是透過實驗和並操縱進行的研究）顯示，自我效能感較高的人，往往對結果有更正面的評估，並因此設定更高的目標。自我效能感，亦即能夠

改變某些事情的經驗知識,這是 AQ 的一個核心面貌。這種自我效能感對職場和非職場都有意義,且隨著工作和生活交融,這兩個領域的關連也日益增加,因此,私人生活和職場生活中的幸福感是值得關注的。

工作環境中的幸福感也與一些具體因素有關,例如我們的工作量、工作時間,以及我們在組織中的角色(角色模糊、角色衝突)和責任程度。從這些相關因素中不難看出心理健康的重要性,心理健康的人更容易擁有出色的人際關係,心理健康的人不會刻薄或遷怒他人,他們更有能力建立溫暖和信任的關係。這種人不僅更合群,工作表現也更好,並且較守時。

遺憾的是,這條等式反過來也成立,工作態度促迫的人在面臨挑戰時會感到更多壓力。因此,對心理健康的關注極其重要,它會影響員工的行為、他們彼此的互動、他們的決策能力以及他們的社交生活。AQ 在這裡能產生巨大影響,它作為個人的平衡力量,能使我們更好地應對挑戰性新任務,也更能處理與同事的溝通問題。

幸福感的技能

這種內心的幸福感與高 AQ 密切相關,這並不奇怪。它增強的正是改善心理健康所需的技能。什麼是非職場生活中的幸福感?它是我們對生活品質的判斷,對快樂和痛苦的判斷。它關係到我們對所經歷事情的看法,以及這些事在我們心中引發

的感受。這種判斷當然是主觀的，就像一個循環論證：如果我們自己覺得好，我們的心理狀態就很好。

已故的艾德・迪納（Ed Diener）被尊稱為「幸福博士」，他經過幾十年的觀察發現，在幸福感與滿意度方面，整體顯示的結果，幸福者對自己的評價並不是「過得去」、「有好有壞」，而是明顯高於中間點。這種滿意度與個人收入和健康狀況有關。艾德和頌雅・路伯米爾斯基也做出反向推理：積極的心理健康，也會帶來積極的個人體驗和結果。在研究中，他們還加入第二種測量工具：一份健康狀況調查表，其中包括情緒、心理健康和對自身健康狀況的評估。這兩種方法都是穩定的，亦即第一種調查的答案與三週之後第二種調查的答案沒有明顯差異。研究顯示，高AQ的人認為自己的身心更健康，而且普遍更積極。安德魯・荷爾曼（Andrew Holliman）等人（2021年）也證實了這些相關性。

減輕壓力

我們生活在創傷和勝利之間，有時從一個極端擺盪到另一個，有時在平衡的中心點放鬆自己。很多人會將此描述為無壓力階段，但是這個時代的壓力因素多到數不完，伴侶壓力、工作角色壓力、資訊壓力、學習壓力、機動性壓力、死線壓力、休閒壓力，何時才會有無壓力階段？誰願意從頭到尾填完這份壓力清單？讓我們先就基本定義達成共識，這可以減輕討論的

壓力。

壓力源是存在的，正如莎賓娜・桑內塔克（Sabine Sonnentag）和米夏艾爾・弗烈塞（Michael Frese）所描述（2003年），壓力源可能是天生的、在任務中產生的、與角色有關的、受社會條件制約的、與工作或與職業有關的，或源自創傷經歷或壓力性變革。壓力反應則會表現在我們的身體、情緒或行為上，這是一種主觀、強烈、不愉快的緊張狀態，是對即將發生或已經發生的高度厭惡情況的反應，這種情況在感覺上似乎持續很久，而且無法控制，沒有人喜歡這樣。

如前所述，我們必須區分壓力源──引發壓力的因素──和我們因此產生的壓力反應這兩者的區別。上述兩位研究者認為我們可以從四個方面來看待壓力：第一，從壓力觸發因素來看，亦即日常生活中的不順遂、工作與家庭中的經歷；第二，從我們反應的角度來看；第三，從我們的願望和實際情況的落差來看；第四，從它們之間的關係來看，亦即我們如何評估即將發生的事情。

理查・拉札勒斯（Richard Lazarus）的壓力管理模式（1984年）就是這樣一種關係模式。在研究早期，伊蓮恩・普拉科斯及其同事探討了適應性績效的八個面向，莎賓娜・桑塔克和米夏艾爾・弗烈塞對此進行研究，描述了適用於上述所有壓力誘因的情況。結果顯示：並不是所有壓力都會對我們產生負面影響，也不是所有壓力都會對每個人產生同樣的影響。

壓力是否會令人唉聲嘆氣，取決於我們的個人特質，也當

然包括我們的AQ，原因在於所謂的「控制信念」。簡單地說，若你相信是自己在掌控生活和我們最重要的經歷，這就是「內部控制信念」。或者，若你覺得是其他人或其他力量在起作用，讓你做出某些決定，這就是「外部控制信念」。這說起來似乎沒什麼了不起：當我們擁有內部控制信念時，壓力源幾乎影響不了我們，因為我們（理所當然地）覺得事情在自己的掌控之中。幸運的是，研究證實了這種老生常談，在短期調查和長期研究都是如此。

有一項針對244人的研究，觀察了他們一開始和四週後的壓力源、壓力體驗和控制信念之間的關係。克蘭菲爾德理工學院的凱文‧丹尼爾斯（Kevin Daniels）和安德魯‧古比（Andrew Gubby）觀察這244名記帳員（等等，記帳員？沒錯，記帳員也會有壓力）。這項長期研究清楚顯示，控制信念能大幅緩解壓力源對幸福感的影響。生活不斷變化，有時壓力大，有時平靜如水。如果壓力和控制信念也是如此，這種波動會更加明顯，（不利的是）會使研究人員尋找的相關性失效。但在這裡，效果維持不變，因此，適應力在此以控制信念的形式，起到了抗壓的作用。

更多積極的想法

「我們做得到！」當時的德國總理梅克爾（Angela Merkel）在2015年說道，這是她對難民潮的回應。這是是抵

4 強大 AQ 的持續作用　49

抗,是堅持,還是信念?一股樂觀的浪潮在德國蔓延開來,並確實流向了那些歡迎無家可歸者、接納他們、希望為他們提供一個未來的利益團體。

當人們在挑戰性的情況下積極思考,是否有證據表明這樣做有所幫助?如果有,積極思考的幫助又有多大?

在德國,懷疑主義經常被當作一種基本態度,它把積極思考視為一種被馴化的狂妄,總是想在現實面展現自己的勝利。然而,洛杉磯大學心理學教授雪莉・泰勒(Shelley Taylor)等人(2000年)有不同的觀點,他們指出:很少有什麼事情能像看到美好未來的想法一樣,驅使我們去解決問題和制定計畫。

在這場方向之爭中,AQ勝出。米雪・圖加德(Michelle Tugade)、芭芭拉・弗德里克森(Barbara Fredrickson)和麗莎・菲爾德曼・巴列特(Lisa Feldman Barrett)(2004年)在研究中觀察到,積極情緒較高的人,解決問題的效率更高,應對失敗的能力也更強。而先前提到的頌雅・路伯米爾斯基發現,這些人即使在時運不濟時,也能堅持這種對未來的積極看法。

較多的社交往來

幸福的人通常擁有令人滿意的社交生活。馬丁・賽里克曼(Martin Seligman)和艾德・迪納(2002年)提供了科學證明。2006年,伊萬傑羅斯・卡拉德馬斯(Evangelos Karademas)也指出:沒有社交往來就不可能幸福。這種強而有力

的社會支持對自我效能感有著積極影響,而自我效能感又直接反映在AQ上。

我們愈是意識到自己是相互支持的社會網的一部分,我們的自我效能感就愈明顯。這需要你和他人的思維有所交流,你必須樂於接受負面回饋,將他人的想法融入自己的思維,並說服和影響他人,從而與他人更有效地合作。

更成功

任何一本成功學書籍都離不開對成功的論述,而事實上,AQ研究確實可以對成功產生啟發性的貢獻。例如卡洛琳‧普列德摩爾(Carolyn Predmore)和約瑟夫‧邦尼斯(Joseph Bonnice)(1994年)對銷售人員進行研究,測量了他們的成功程度和他們的AQ,並觀察到兩者之間的相關性。他們甚至提議,可以透過測量AQ來更有針對性地選擇受訓人員,讓他們為完成任務做更充分的準備。

AQ對成功的影響,也反映在年輕人進入勞動市場前的學校、培訓和學習成績上。教育學家安德魯‧馬丁(Andrew Martin)等人(2013年)採取長期研究的方式,對969名青少年進行了為期一年的觀察,並得出以下結果:AQ和與學業成績有不容忽視的相關性。適應力甚至在很大程度上預告了學業的成功,從考試成績、課堂活動,乃至對學校的基本態度,AQ較高的青少年對學習的態度明顯更積極。

5

測試量表：
你的AQ有多高？

> 適應力是巨大的財富，因為世事難料，
> 任何人的命運都可能一夕生變。
> ——查達・科賀哈爾（Chanda Kochhar）

AQ基於三個支柱：**思維、情感與行動**，三者相輔相成。它們共同影響著我們在工作中的適應行為，尤其在變化時期。儘管這三個面向共同作用，人們通常會將它們分開檢視，因為它們涉及不同的個人資源。關於這些個別因素已經有大量相關研究，但很少有人將它們放在一起分析。然而，唯有同時檢視這三者，我們才會知道它們是如何相互補充，以及在應對新的未知事物時，這種綜合作用有多麼重要。

舉例來說，如果我們對變化不抱偏見（思維），那我們對變化的恐懼就會減少（感覺），因此我們更有可能積極面對整件事（行為）。反之，如果某人對變化感到不安（感覺），他的心理靈活性（思維）就會降低，而這又會嚴重限制其行動（行為）的靈活性。

我們的AQ思維，取決於我們能在多大程度上思考替代性方案、我們在多大程度上相信自己擁有應對變化和動態的能力（自我效能感），以及我們知道如何左右局勢的程度。但是，沒有感覺就沒有思考。安東尼歐・達馬西奧（Antonio Damasio）的研究說明了這一點，他將笛卡兒的名言「我思故我在」改為「我感故我在」。研究指出：處於正面情緒的人更容易應對變化。

但人類這種物種，並沒有天生配備持久的好心情，因此重要的是管理、調整和控制情緒的能力。思考、感受會帶來什麼？在最好的情況下是採取行動，但不是隨便的行動，而是基於明確能力的行動，包括你是面對挑戰或是遠離挑戰，以及在

應對挑戰時,你是專注於問題本身,還是專注於自己的情緒。

AQ不僅可用於人資領域(HR),更值得運用於聰明的團隊組成。我的同事凱倫・凡達姆和我自己的研究都表明了這件事的潛力。下表是我和阿辛・沃特曼及里昂・法爾坎普在2021年共同製作的研究問卷,可以幫助你瞭解自己的AQ有多少。

這些題目涉及你在社交場合的表現,請用直覺作答,在方格內打勾。答案沒有對錯之分。在李克特量表中,1分表示「完全不適用」,5分表示「完全適用」。請先填寫,然後繼續閱讀。

	1	2	3	4	5
1. 我有信心應對任何挑戰。C					
2. 我能很好地應對未知的情況。B					
3. 如果我必須更改計畫,我會輕鬆以對。A					
4. 我總是對事情的發展感到好奇。C					
5. 我能迅速適應變化。B					
6. 意想不到的事情和變化發生,會讓我充滿活力。A					
7. 我更喜歡做能強迫自己學習新知的事情。C					
8. 我喜歡突發事件。A					
9. 我知道應對突然變化的不同方法。B					
10. 我總喜歡情況有所改變,而非一成不變。A					

你可以看到每道題目後面的字母ＡＢＣ，它們分別代表AQ的三個面向。A代表情緒，B代表行動，C代表思想。

請將相同字母的題目得分相加，分數總和就是你在相應面向上的表達能力。A面向的最高分是20分，B面向的最高分是15分，C面向的最高分也是15分。

無論你在三個面向的自我評估中表現如何，下面幾章的工具和技巧都能在兩方面幫助你。首先是為你提供一個穩定的框架，讓你即使在帶有猶豫的狀態下，也能掌握明確技巧來維持你的AQ；其次，如果你身邊的人（如同事、親友）在某些情況下難以發揮他們的適應潛能時，這些工具和技巧可以讓你輕鬆提供他們精神上的援助。

6

增加你的思考AQ

如果你從不改變主意,為什麼還要有主意?
——愛德華・德・波諾(Edward de Bono)

現在我們來看看九個技巧，每個技巧都可分別歸結到三種適應力形式：認知AQ、情感AQ和行動AQ。讓我們從認知AQ開始。

經濟學家約翰・梅納德・凱因斯（John Maynard Keynes）曾說過，找到一個新想法比擺脫一個舊想法容易得多。而這正是我們要做的：轉移焦點，改變我們做事的方式，這就是要調整我們的思維或期望，以便能更好地應對新情況。我們要一視同事地考量多種選擇，以找出最合適的一個，這是一種心理修正，它能指導我們更有效地完成眼前的任務。將我們的注意力從舊觀念轉移到新觀念。

技巧 1　縮小感知範圍：新環境與舊模式

　　分心是人性的常態，我們必須重新學習怎麼面對它。重點是：專注於相關的事物。

　　我們會想專注於重要的東西，但這無濟於事。仔細想想，你會發現這是一種口號，我們怎麼知道在特定時間什麼才是「重要」的？不過，我們可以確定什麼才是「相關」的，我們可以決定如何衡量相關性，但重要性是難以衡量的。因此，讓我們把重點放在相關性上。

世界是如何進入我們的頭腦？

　　如何感知相關性？讓我先來做個簡單的技術說明。首先必須釐清「感覺」與「感知」，以及「注意力」與「意識」。

　　你周圍的世界，是你的一種感覺。它是一個向上的過程，從感覺受體和神經系統開始，接收來自環境的刺激能量，這些

6　增加你的思考 AQ　　59

刺激在大腦中傳遞並進一步處理。然而，感覺並不等同於感知，前者描述的是刺激物進入大腦的路徑，而感知則使刺激物變得「有意義」。

感知是一種組織和解釋感覺的向下過程，在這一過程中，物體和事物的意義被識別出來。這就是注意力發揮作用的地方，它是一種感知聚焦，處理的是一個縮小了的感知範圍，這是將心理資源集中在有限的意識內容上達成。有些刺激會自動吸引我們這麼做，有些刺激則需要我們有意識地選擇，以下的例子將顯示這點。

請試試看以下實驗，在下圖中找出斜條紋菱形：

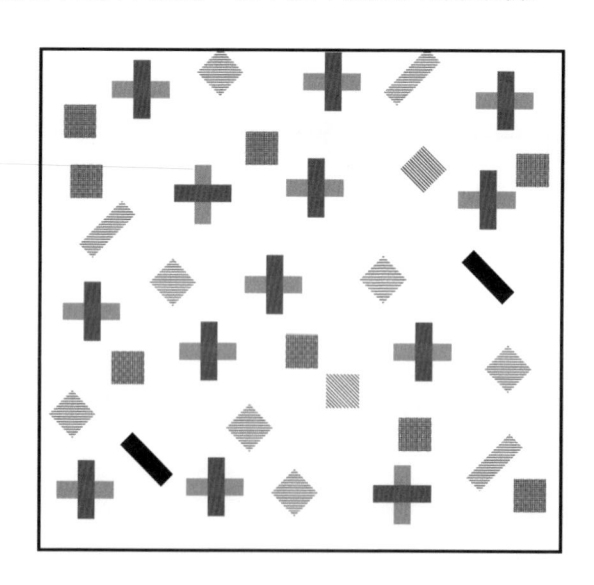

你會發現圖案中的斜紋物體突然移到了前景，同時你的視線中還會出現斜條紋菱形。你會發現你的大腦不斷回到菱形

上，這並不會困擾你，你肯定會注意到，搜索對你來說非常容易，你馬上就找到了那個斜條紋菱形。

在過程中，你體驗到了「跳出效應」。你的注意力迅速集中到一個物體上，因為它與其他物體明顯不同，從而快速感知到它，那個唯一的斜條紋菱形。

現在是第二步：找到帶淺灰色垂直線的加號！找到了嗎？很好，現在有兩個了！找到第二個圖形總是更花時間，不是嗎？因為一開始所有的加號都跑出來，但是為了準確辨識出與其他訊息的差別，我們必須仔細觀察，然後才能注意到最核心的事物。這種注意力是可以轉移的，當我們這樣做時，我們感知的性質和內容就會隨之改變。

為了順利適應環境，我們還必須意識到我們實際需要適應的環境是什麼，這就需要所謂的「情境意識」，包括了識別模式和過濾相關訊息。

舉例來說，IKEA家具的行業定位一向清楚，只有俄羅斯例外。IKEA在那裡發現了奇怪的現象：每當IKEA在一個地區開業，附近的房價就會飆升。於是，IKEA建立了第二種商業模式：在銷售家具的同時，還透過開發購物中心來獲取房價的增值。現在，IKEA在俄羅斯透過開發和管理購物中心獲得的利潤已遠超過販賣架子和上漆的桌子。

這種對日常感知邊界的觀察，只需一個小小的技巧就能實現。知覺心理學的研究顯示，當我們讓眼睛散焦時，我們的思維會游離到感知的邊緣，這就是「縮小」我們感知範圍的方法。

> 1. 主題：你想檢查哪個主題的更改？
> 2. 去焦：分散目光（如做白日夢）
> 3. 問題：有什麼變化嗎？是什麼在變化？對我來說這意味著什麼？

還有另一個問題：我們該怎麼擺脫舊有的認知模式？當今的工作世界充滿活力，瞬息萬變，職業性質也發生根本性的變化。這意味著我們往往無法在新的工作中沿用舊工作的模式，我們必須隨時適應新工作角色的要求。

這種變化意味著我們必須摒棄舊習，如果我們對以往的工作角色存在心理依戀，這種依戀感將會成為我們執行新工作的阻礙。組織心理學家柯內妮亞・尼森（Cornelia Niessen）等人（2010年）觀察到：如果員工能夠脫離原有的工作角色和常規，專注於新任務的要求時，他們會更快熟悉新的工作角色，表現也愈好。在組織發生變革時，如果員工能以開放態度接受新形勢，專注於新環境，而不是固守成規，他們也會更能夠適應。

如何做到這一點？你必須放掉以往工作的心理連結，若不如此，你就會經常回想過去的工作、以前的活動，而這會分散你的注意力，使你被過去困住，無法扮演好新角色，更無法應對隨之而來的變化。

柯內妮亞・尼森領導的團隊（2010年）研究了如何脫離這種狀況，讓我先簡要說明一下「脫離」一詞的定義。在心理學

中,「脫離」指的是在思想和情感上解除對以往模式和習慣的依戀。我們在一定程度上已經認同了自己的工作,並在一定程度上將團隊或部門的目標視為自己的目標。我們甚至可能對團隊及其目標產生了情感依戀,團隊的工作對我們來說非常重要。而作為回報,團隊也會在我們出問題時支持我們,我們感到自己受到公平和良好的對待,能夠展示自己的能力。

這些都在我們、我們的工作和我們周遭的人之間建立了一種連結,但這種連結對我們的AQ也會帶來負面影響,原因有兩個。

首先,我們會緬懷舊日的美好時光,並會把過去和現在拿來做比較。這種對過去的沉湎只會消耗我們的精力,阻礙我們熟悉新流程、新同事和新的工作文化。同時,我們仍然留戀舊工作的價值觀和目標,懷著自豪的心情回想過去的成功、曾經取得的成就,而這也會阻礙我們適應新的工作。懷舊是學習的絆腳石,它會吸走注意力,因此,你必須停止這種心理連結。

但是,如何才能放下過去呢?方法之一就是主動忽略,讓我們的注意力從以前的工作角色中分離出來,並停止去想過去的行為。簡言之,試著專注於新角色對我們的要求,而不是開始將這些要求與之前的要求做比較。

透過重新聚焦注意力,我們克服了「失落思維」,我們更專注新的機會,而不是過去的悲傷。當人們想像並注意到前方等待著他們的新事物,而是不立即對這些新事物進行評估時,注意力就得以集中起來。思考的挑戰會讓人們更加專注於未

來。史蒂芬・P・布朗（Steven P. Brown）、羅伯特・A・威斯布魯克（Robert A. Westbrook）和葛坦・夏拉格拉（Goutam Challagalla）（2005年）也是如此觀察。

由此，對新任務無益的想法和行為得到抑制，緩衝了感受上的負面影響，如此，你將能更好地控制自己的困擾和「工作懷舊」的負面影響，從而加強你在新角色上的表現。

開創性的刺激

無論一個人對模糊性的容忍度如何，大腦本身並不特別喜歡缺乏清晰度，因此，大腦通常會自動接受環境刺激，以創造清晰度，這種情況會在不知不覺中發生，這就是所謂的「啟動效應」（Priming）。

自1951年以來，人們一直在研究「啟動效應」。這是我們記憶的一種奇特現象，心理學家卡爾・拉什利（Karl Lashley）（1951年）對此進行了研究。他注意到：一個句子的開頭會預先激發聽者，讓他想到這個句子的某些後續內容，也就是他們認為可能的內容。

例如，「鮑里斯・貝克（Boris Becker）擊敗了約翰・馬克安諾（John McEnroe）……」此時在你的腦海中，「網球」現在可能被預先激發了，而完全沒有預先激發的可能是「換妻」。在「啟動效應」中，「先前刺激」（Prime），即句子的開

頭部分，會影響我們對「目標刺激」（Target），即句子的結尾部分的反應。簡單來說，先前接收的資訊會在無意識中影響我們對主要資訊的理解或反應。克里斯・洛爾許（Chris Loersch）和凱斯・沛恩（B. Keith Payne）（2011年）歸納如下：

1. 最初的刺激會讓人更容易獲得與之相關的資訊。
2. 這些訊息會影響我們的判斷和行為，它會讓我們相信，我們的反應是由完全不同的對象引發的。
3. 當這種錯誤歸因發生，且心理內容被錯誤地分配給另一個目標時，這個目標將成為評估該對象和決策行為的資料來源。

舉例來說，我們兩人白天在街上散步，街上只有我們。這時遠處出現了一個人，這在我們的腦海中啟動了一個聯想過程，我們試圖評估這個人，我們猜測他可能會做出什麼樣的行為，而我們的評估就取決於我們在此之前做的事情、經歷的事情或直接感知到的事情。假如我們看了《小城的電鋸大屠殺》這部電影，或者經過擺放著狩獵武器的商店，我們就會產生攻擊性和敵意的聯想，如果我們剛中了樂透、開始新戀情或是獲得加薪，我們的評估就會完全不同。在第一種評估下，我們的反應會是：「小心，他那個樣子有點嚇人，我們快走吧。」而在第二種情況下則是：「欸，他的樣子一定是迷路了，我們去幫忙吧。」

1. 環境刺激會使相關訊息優先被檢索到,這是一種自動記憶過程。
2. 因為我們使用這些可高度被檢索的訊息,來識別後續的感知對象,所以結果可能完全不同。
3. 這種過程的缺陷是顯而易見的。因為環境中的大量刺激會不斷改變所引發的內容,因此大腦很難追蹤這些因果機制,包括短期聯想、記憶錯覺、情感形成、性吸引力、態度,甚至自由意志。
4. 致命的是,我們會把這些虛假歸因作為我們決策的依據。透過啟動而檢索到的訊息會推動推理過程,而在推理過程中,這些訊息本身就會被當作判斷的證據。我們只能透過腦中已有的訊息來理解世界,而啟動效應會激發我們對世界的認知中非常特殊的部分,這些部分並不來自後來的情境,而是來自先前的情境。
5. 無論實驗對象是否注意到刺激物,都會產生啟動效應。刺激物可以是無意識設定的,稱為自動啟動,也可以是有意識地設定的,稱為有意識啟動。

啟動效應會影響我們實現目標的意願。約翰・巴奇(John Bargh)等人(2001年)讓人們在一堆字母中找出單字。在A組中刻意給出「贏」、「成功」和「勝利」等詞彙,B組給出的則是中性詞彙。然後進行第二輪比賽,內容是完成各種任務,結果A組的人堅持的時間更長,表現更好,他們在失敗後重新

嘗試的次數也較多。這結果令人驚豔,瑞士的史蒂芬・恩格澤（Stefan Engeser）（2009年）再次測試並證明了這個結果。

技巧 2　調整心理距離：推近與拉遠

我們不是天真的現實主義者，我們現在知道，我們對環境的感知不是單一的，每一種感知都可以分解成更小的面向，經過處理後儲存在大腦的不同區域。當我們感知與之相似的事物時，這些記憶又會重新組合，以讓我們迅速解釋當前的感知。如果遇到真正意義上的新情況，亦即未知，我們就必須做出相應的調整，否則就會陷入根據替代事實進行思考的危險。

在2016年至2020年，我們見證了這種情況所導致的後果。為了避免這種自我欺騙，我們必須時刻提醒自己周圍的情況正在不斷變化。在穩定的環境中，AQ的重要性還不會充分顯現，但當環境變得動盪、活躍且不穩定時，我們必須能夠真正察覺什麼是新的、什麼是需要學習的。為了做到這一點，我們需要一種特殊形式的距離，稱為「心理距離」。

心理距離的概念已存在多年，它主要和兩件事相關：作為個體的我們，以及我們周圍的環境。例如我們和其他人的距離（社會距離）、現在和未來的距離（時間距離）、我們的物理

位置和遙遠地點的距離（空間距離），或者對某事的想像和親身體驗的距離（體驗距離）。簡言之，凡是不被我們視為當下和親身經歷的事物，都屬於「心理距離」的範疇。

你腦海中的望遠鏡頭

心理距離影響我們在心理上呈現事物的方式，距離遠的事物呈現得相對抽象，而心理距離近的東西則顯得更具體。例如想像你從月球上看地球，這樣做讓你有一種遙遠的疏離感，如果你覺得這還不夠遠，還有更多星球可以選擇。不過，從月球上你仍可以清楚地看到地球，這種讓你從你的家、你的辦公室、你的公司中脫離出來的、處於一種抽象的或心理上的遙遠的心理狀態，會讓你對世界的感知產生變化。它會影響你對困難程度的評估，或者影響你對自己的看法。

1. 拉開距離，讓困難的任務感覺變容易

康乃爾大學的托馬斯·馬諾杰（Thomas Manoj）和多倫多大學的克萊兒·蔡（Claire Tsai）（2012年）觀察到，心理距離會直接影響我們對任務難度的感覺。有趣的是他們創造這種距離的方式非常簡單——參與者只要向後靠坐在椅子上，就會有任務變容易的感覺。

2. 透過自我抽離，讓反思自然發生

「自我抽離」對許多人來說是個有點陌生的詞彙，但它是個非常實用的工具，尤其是當我們面對巨大變化風暴，感覺自己已經身陷其中的時候。美國心理學家厄茲蘭・艾杜克（Özlem Ayuduk）和伊森・克羅斯（Ethan Kross）於2010年發表的研究成果觀察到，那些能夠自發產生自我抽離的人更善於解決問題，且在處理衝突對話時也更積極。

3. 更能靈活跳脫框架

距離帶來更多創意。印第安納大學的莉莉・嘉（Lile Jia）、愛德華・赫爾特（Edward R. Hirt）和薩慕爾・卡爾本（Samuel C. Karpen）在2009年的研究中證明這一點。研究顯示，當創意型任務被描述為來自遙遠的地方時，參與者給出的答案更有創意，並在需要創意洞察力的問題解決任務（研究二）中表現得更好。

這些參與者被隨機分為「遠在他鄉組」和「近在咫尺組」，被分配到遠在他鄉組的成員被要求完成一項語言能力的任務，包括列舉出盡可能多的「交通工具」。這項任務還有個小小的附加條件：我們告訴「遠在他鄉組」，這項任務是由正在希臘參加海外研習的印第安納大學學生所設計，而「近在咫尺組」獲得了相同的任務，但他們被告知，這項任務是由印第安納大學的學生所設計，他們正在參加一個當地的研習計畫。

結果顯示:「希臘組」產生了更多不同的、更新穎的例子,此外,「希臘組」的參與者表現出更高的認知靈活度。類似的結果也出現在下面這個任務中:

「一名囚犯試圖從一座高塔逃脫,他在牢房裡找到一根繩子,繩子的長度只有足以讓他安全抵達地面的一半長,他將繩子分成兩半,再把兩段繩子綁在一起,然後逃走。他是怎麼辦到的?」[2]

參與者再次被分為兩個不同「區域組」,結果又是距離較遠的那一組明顯表現較好。為什麼會有這樣的差異?

美國中情局、蘇聯國家安全委員會與你

讓我先問你一個問題:你是否屬於那種特別擅長解決別人問題的人?是的,事情看起來總是很簡單,解決方法也幾乎顯而易見,但當事人卻往往當局者迷。上一節提到的實驗結果在科學上的解釋,你大概已經猜到,沒錯,就是因為你自動與他人的問題拉開了心理距離。

現在我們要介紹一種技巧,可以讓你也與自己的問題保持這樣的距離。一般來說,你可以改變任何會產生距離感的事物:

---

[2] 解答:他將繩子縱向解開,把剩下的幾股線綁在一起。

1. **時間**：在未來，這個問題是怎麼解決的？如果外星人把UFO降落在你家，它會給你什麼建議？
2. **空間**：在美國，人們已經解決了這個問題，他們是怎麼做的？如果這個問題困擾著世界另一端國家（西伯利亞的一個小村莊或巴西的一個小鎮）的村民，他們會如何解決？
3. **公司**：競爭對手已經解決了這個問題，他們是如何進行的？
4. **行業**：另一個行業已經解決了這個問題，他們是怎麼辦到的？

據說，就連美國中央情報局（CIA）也利用心理距離來解決棘手的問題。中情局人員被告知：蘇聯國家安全委員會（KGB）已經解決了這個問題，現在我們也要解決它。由於相信遙遠國家的特務人員已經解決了問題，參與者更願意尋找創造性的解決方案。

下次當你遇到無法解決的問題時，不妨問問自己：如果這個問題發生在一個遙遠的國家，我能想到什麼解決辦法？如果問題發生在未來呢？或是發生在過去？

在團隊中運用距離概念

我與未來機構工作公司（Zukunftsinstitut-Workshop GmbH）

的安德烈亞・史代勒（Andreas Steinle）一起為墨克好奇協會（Global Curiosity Council）制定團隊策略。運作方式是這樣的：首先由一個人向另外兩人提出問題或挑戰，這兩個人能夠理解提出問題的人在說什麼，而且也保持足夠的距離，可以從外部角度看問題。

第一個人口頭提問，時間不超過兩分鐘，接著，提問人轉過身去，避免看見提出回饋意見的人。如果在視訊會議中使用這種策略，請關閉攝影鏡頭，盡可能將辦公椅轉過去。

下一步是讓另外兩個人思索這個問題或挑戰，他們開始十分鐘的對話，彷彿第三個人不在同個房間（或視訊會議室），提問的人不能干預、評論或提問，他只需聆聽，另外兩個人則可以大聲討論並享受交流。他們可以使用以下三種問題來組織對話：

1. 聽到問題或挑戰後，我們腦中會想到什麼？
2. 我們為什麼希望遇到這個問題或挑戰？
3. 對這一問題或挑戰，有哪些創意解決方案？

一開始，回饋者先熟悉問題背景，然後從不同的角度，亦即積極的角度來看待問題，最後，他們利用自己的外部視角或特定的心智模式來尋找創意解決方案。

這種方法只需十分鐘就能獲得不同的觀點，此外，透過向不屬於我們親密朋友或同事圈的人提出問題，可以避免所謂的「親近溝通偏差」。研究表明，相較於陌生人，朋友之間的自

我中心主義會增強。一旦你足夠了解一個人，覺得和他們很親近，反而會不自覺地忽略他們，因為你自認為已經知道他們會說什麼。伴侶關係也許最能體現這種現象，人們不再意識到伴侶的不同觀點，有點像你多次行駛某條路線之後，就不再注意路標和風景。要想真正了解另一個人，你往往需要重新思考：「等一等，這個人真的是這麼想的嗎？」

這個技巧的另一個重要好處是，為他人做決定比為自己做決定更具創意。在一項研究中，參與者被要求為自己寫的故事，以及為他人寫的故事畫一個外星人。結果，他們為別人的故事畫的外星人顯得更有創意。

最後一個關鍵因素是，提問者和回饋者看不見對方，他們只關注聲音，這看似微不足道，卻有著巨大的影響。你可以嘗試做為提問者，只透過聲音接收對方的想法，你就會親身體會到這一點。這種感覺非常強烈，令人驚訝，因為你只專注於聲音，這讓你能夠感知弦外之音，抓住細節，並將回饋者的想法與你的想法連結在一起。

技巧 3　彈性思維：嘗試多軌思考

2019年，阿斯特羅・泰勒（Astro Teller）在擔任Alphabet創新實驗室X的負責人時，提出了一個奇特的建議。他對正在研發被暱稱為「農作物嬰兒車」（plant buggy）的團隊說：「如果我們在這推車上裝上小喇叭，向植物播放勵志演講，會怎麼樣？」他的團隊看他的眼神必定就像他吸入過多某種植物一樣。

但泰勒的目的並不是激勵植物，而是想激勵他的團隊花更多時間研究瘋狂的想法，他要他的員工重新布置他們的思維方式，因為即使對他們這樣的公司來說，21世紀的創新要求往往都屬未知領域，那些五年後才會成為現實的想法，現在就要著手處理，而不是四、五年之後才開始考慮。

想像你有一支鉛筆和一根清管器，它們代表兩種思維方式：鉛筆代表找回曾經的穩定，而柔韌的清管器則代表重塑。然後想像你面對一個迷宮，這是無法控制的未來發展，哪種工具能讓你走得更遠呢？鉛筆是穩定的，但它無法像清管器那樣

彎曲並在迷宮中移動，開發和使用腦海中的清管器，就意味著重新思考。

你上一次質疑自己的想法是什麼時候？你曾想過「今天我一定要從一個與我的信念相反的前提出發」嗎？這正是靈活性思維的涵義，它是我們思考新想法和新解決方案的能力，改變我們對情況和模式的認知，以不同的方式思考問題，並且行動。

邁阿密大學的迪娜・達加尼（Dina Dajani）（2015年）的研究顯示，靈活思考的員工更能夠適應不斷變化或新的需求和情況，他們能看到更多行動可能，為看似無法解決的問題迅速找到可行的解決方案。

跳躍吧！

所以，現在的問題是，我們如何才能提高自己和他人的靈活性？認知科學家加西亞—加西亞（Manuel Garcia-Garcia）等人（2010年）的觀察發現：關鍵在於多巴胺，心理靈活訓練應該以某種方式帶來愉悅感和獎勵。我們能怎麼做？現在請做好心理準備，讓我介紹第一個經科學實證的提高心理靈活性的解決方案：跳躍。

史蒂芬・馬斯利（Steven Masley）醫生等人（2009年）費時許久才得以發表這一發現。在91名健康男女中，將近一半的人必須每週進行五至六次，每次30至45分鐘持續跳躍的有氧

運動,連續十週,另一半的參與者則只是維持原本的活動量。結果如何?有氧運動參與者在心理靈活性任務方面,效率提升了近12%,而那些每週實際完成鍛鍊五至六次的參與者甚至提高了25%。這項技巧可以訓練心理適應能力,同時也促進職業健康管理。

　　但是,如果團隊或員工不大喜歡這種方案呢?有什麼替代方法嗎?不要過度強調「你要重新思考」這件事,這會給人帶來壓力,而壓力會影響我們認知的靈活性。心理學家格蘭特‧希爾茲(Grant Shields)等人(2016年)在研究中讓健康成年人接受急性壓力誘導,再分析參與者的認知靈活性。他們發現,壓力對心理靈活性造成的損害,在男性身上比在女性身上更為明顯。

　　可能的解釋是,格蘭特‧希爾茲等人在論證中支持去甲腎上腺活動的差異,是對認知靈活性產生壓力效應的必要條件,多巴胺活性也存在性別差異,而這又對我們的一般思維能力至關重要。總的來說,在面對轉變時,女性似乎比男性更能抗壓。

日常生活中的自信

　　社會行銷專家萊斯‧羅賓森(Les Robinson)(2012年)問道:「如果不是這樣,那會是怎樣?」聽起來像是科隆嘉年華會上的笑話,實際上卻是培養自信的最有效方法之一,這正是

傑出的自信學者肖恩・羅培茲（Shane Lopez）在克利夫頓優勢學院（Clifton Strength Institute）所傳達的內容。他主張：自信是一種心態，在日常生活中也是如此，我們愈有自信，就愈可能積極主動、目標明確並專注於成功。這正是自信與樂觀的明顯區別：樂觀主義相信好事會發生，但卻忽略了自身對情況的主動影響。

「如果不是這樣，那會是怎樣？」是一種增強信心的技巧，它促進了系統性的轉向思考，讓現有的思維模式朝著以往不存在的方向一步步擴展。以博物館來說，我們一般的思維模式是：「博物館是一座舉辦展覽的建築，展覽的物品由館長挑選並加上說明，以供人們觀賞並從中學習。」然而，如果博物館⋯⋯

　　⋯⋯不是建築（那會是什麼？）
　　⋯⋯沒有展覽（那會是什麼？）
　　⋯⋯不把重點放在展覽物品上（那會是什麼？）
　　⋯⋯沒有館長（那會是什麼？）
　　⋯⋯不用去參觀（那會是什麼？）
　　⋯⋯不會帶給人們知識（那會是什麼？）

原則始終是相同的：如果不是這樣（舊思維模式的特徵），那會是怎樣？你可以把這個問題應用到現有解決方案、現有思維模式的各個方面，對於你當前的主題、問題、無解的

問題,你現有的典型思維模式是什麼?

現在,在進行個別步驟時問問自己:「如果不是這樣,那會是怎樣?」然後再問問自己:「我們想嘗試其中的哪一種方案?」

7

增加你的情感AQ

再多的悔恨也改變不了過去,
再多的擔憂也改變不了未來。

——羅伊・T・班尼特

在面對各種不確定性時保持心情愉快,是AQ的關鍵組成部分。重要的不僅僅是好心情,更包括從負面情緒中恢復過來的能力。

技巧 4 緊張狀態管理：重新發現個人特質

在前往演講地點的路上，我看見布蘭登堡湖區，太美了！我心想。然而就在不久後，我卻恨不得直接從講台跳入湖中，怎麼會這樣？

我被邀請到風景如畫的高爾夫渡假村舉辦的活動，是一間公司的總經理邀請的，她在之前的一場演講中見過我，希望我為「以頭腦領導」這個主題帶來一些有趣的靈感。我滿心期待。好主題，好天氣，好地點。然後我開始準備——與會者大概都去打高爾夫球了。二十分鐘後，我依然看不到任何人影，我有點慌了，似乎沒有人在意我這個演講嘉賓在空盪盪的會議廳中枯等，我的負面情緒開始累積：「他們對我的想法根本不感興趣！」「我可能不如高爾夫球賽重要吧？」「反正也沒用，我乾脆回去算了。」

半小時後，所有人陸續到齊了，包括與會者、主持人和邀請我的總經理。演講開始進行，參與者呈Ｕ型散坐靜靜聆聽，

微笑,但反應比平時遲緩一點。演講結束,掌聲響起,接著總經理轉向我說:「諾頓先生,這真是……那麼,您如何評價自己的表現呢?」我突然從稱職的演講嘉賓降為評鑑中心的失敗者——至少在我眼中是如此。

人生總有第一次,但某些事情根本沒必要經歷,比如後來發生的事情。「請坐吧,我們來談談這件事。」我的負面情緒天秤還有一點空間,但它正在迅速下沉。我有那麼糟糕嗎?這是要審問我嗎?這個人為什要這樣揭我的短呢?這種感覺好比被一條羅威納犬慢慢啃噬,而且這條狗還是突然在街角衝出來,來得促不及防。在這種時刻對自己說:「每種情況本質上都有正面也有負面」無疑是一種心理挑戰。

不過我成功了,我專注於關於我自己正面的一側,在這種情況下,我們應該蒐集對我們最重要的東西。我們為什麼要工作?為什麼要做這份工作?我的動力或動機是什麼?我們最好平常就蒐集好這些資料,在這種時刻就「只」需要將它調出來。

特質卡片:關注最重要的原則

在日常生活中,我們常常不自覺傾向負面思考,而忘記積極的一面。但是你可以有效強化它,方法就是使用所謂的「生活原則卡片」來達成,這些卡片可以幫助你意識到你想在生活中表現出的「特質」,而這些特質是你為什麼做某事、以及為

什麼這樣做而不那樣做的心理原因。

儘量羅列各種特質，包括「毅力——在遇到問題或困難時依然堅定前行」、「挑戰——激勵自我、不斷進步、學習成長」、「自我意識——意識到自己的思想、情感和行為」、「責任——對自己的行為負責」、「耐心——等候自己想要的東西」等。意識到哪些特質對我們很重要，可以重新激發我們自己為什麼要做某事的感覺，這有助於我們不忘初心，在生活中的每一個領域保持在正軌上。

將你的特質卡片分成三堆：一、對我來說不重要；二、對我來說稍微重要；三、對我來說最重要。然後，你可以從「對我來說最重要」卡片堆中選出前五名，用手機拍照，以便在需要時隨時取用。

下一步，我要請你做兩件事：你可以使用前五名的卡片，為自己寫一份「特質聲明」，用一兩句話寫出在工作上、在私人生活中或作為伴侶等，你想要成為什麼樣的人、什麼對你來說很重要、為什麼你要做你想做的事。

或者，你可以按照以下指示寫一段簡短的文本：想像你的一位同事或團隊成員正在接受節目採訪，他談的是關於你如何與團隊合作，你最想聽見他說什麼？這樣處理特質可以帶來內在的一貫性。當總經理這樣優秀的人質疑你時，你甚至可以回答：「是的，我確實做了我想做的事。我這樣做是因為XYZ（對個別特質合適的形容詞）對我來說很重要。」

「特質」為何比「價值觀」更好

　　許多組織傳統上會將「價值觀」納入職務訓練，但為什麼我認為「生活原則」卡片具有更大的影響力？從心理學的角度來看，原因很清楚：組織中的價值觀很少是自由選擇的，它們通常是從上到下，組織必須將其販售給員工。

　　結果是，這些價值觀讓人感覺強加於人，缺乏真實性，這會導致嘲諷和憤世嫉俗，缺乏活力和投入。這些價值觀通常是無效的，一點都不吸引人，沒人會遵循，公司必須制定規則以確保員工遵守，但這可能讓情況惡化，而這正是「特質」發揮更強大作用的地方。它們不僅對個人有效，對整個團隊亦然，因為團隊也可以就員工個人希望在工作中實現的前五大原則達成共識。

特質與目標

　　這些特質是指導原則，指引著整體方向，就像指南針。現在的問題是，這些原則可以達成哪些目標：你想少做些什麼？你想多做些什麼？哪些目標源自於你的特質和個人認同？例如：

　　「我是XYZ，因此我想在這種情況下達成XYZ。」

　　「我是XYZ，因此我在這種情況下的目標是XYZ。」

　　這些特質可以適用各種情況，你只需將它們融入你一定知

道的SMART原則中即可。S代表「明確」（specific）。M代表「對我很重要」（me important），亦即它如何影響特質。A代表「適應」（adaptive），也就是讓你活出特質。R代表「現實」（realistic）。T代表「時間」或「時間範圍」（time）。

最後一個問題，當然是如何實現你的目標。這背後的問題是：為了達成XYZ目標，我要做些什麼？盡可能寫下最多的「與特質相關」的簡單行動，然後選擇其中四項，在日常生活中開始執行。行動要盡可能具體：你要做什麼？這項行動將在哪裡展開？計畫什麼時候做？還有誰參與其中？

在成功中汲取動力

這對當時的我也很有效，那一刻我突然意識到，這正是我在那裡的目的：給予聽者持久的動力。那位不滿的總經理詢問了每一位員工在演講中有什麼收穫，員工們說了很多，在我的演講生涯裡，這是頭一次會後的談話比演講本身持續的時間還久，最後，兩位聽眾異口同聲地總結：「我們從未有過如此深入的交流，謝謝您，諾頓先生！」

這種發展當然部分是因為參與者原本就有的需求，這些需求總經理完全沒有預見，現在它們湧現出來，使我成為適當的對話夥伴。我不用含淚將筆記型電腦塞進袋子，我有東西可以扔到天秤正面的一邊，回柏林的路上，我滿心愉快享受上帝提供的這台出租敞篷車！

技巧 5 現實樂觀主義：區分成功與失敗的根源

有些人似乎總是能帶給你好心情，而在美國大都會人壽保險公司裡，這樣的人似乎特別多。從2015年開始，人們發現好心情的另一個重要優勢：它能帶來收益。業務員認真地培訓樂觀態度，投資報酬絕對不容忽視。

根據商業雜誌《富比士》報導，在1980年代，這家保險公司每年投資近三萬美元在每位業務員的培訓上，錢出去了，卻沒有流回公司財庫，因為儘管如此大手筆投資，公司仍然留不住員工，員工流失率接近80％。直到他們遇到了馬丁・塞里格曼（Martin Seligman），他將「成功帶來好心情」的原則反其道而行，變成「好心情帶來成功」。

這一切始於一個簡短的樂觀程度測試。它的問題和答案選項，是由數千名樂觀者的行為中得出的，例如：

- 你和你同事平息了一場激烈的爭吵，為什麼？請勾選適

用於你的陳述：1.因為這次你原諒了他。2.因為你通常都很寬容。
- 你的同事給你一份禮物，請選擇適用於你的陳述：1.可能因為他剛剛加薪。2.可能因為你不久前送了他禮物。
- 你在去外地開會時迷路了，請選擇適用於你的陳述：1.因為你錯過了岔路。2.因為你的同事沒有給你正確指示。
- 你今年的健康狀態達到了巔峰，請選擇適用於你的陳述：1.因為你和其他健康的人在一起。2.因為你好好地照顧了自己。

就是這麼簡單的題目，但以這種方式篩選出來的人，業績比公司裡的悲觀主義者高出8％，第二年更高出31％。接著是超級樂觀主義者，他們在樂觀測試中得分極高，但在專業能力測試中卻不及格。塞里格曼還是說服保險公司聘用了他們當中的一些人，結果，他們的業績比那些在專業測試中得分很高但在樂觀測試中得分不高的人高出21％，第二年又高出57％。

樂觀預示了銷售的成功，但它不僅僅適用於銷售。鮑比‧梅德林（Bobby Medlin）和肯尼斯‧格林（Kenneth W. Green）（2009年）研究發現，具有高度現實樂觀主義精神的執行長、總經理和員工的業績會優於其他同事。不只如此，證據顯示，正面情緒會對個人產生各種積極影響，包括提高思考和解決問題的靈活性，也能增強幸福感。

現在有一個問題要問你：你認為你的樂觀主義從何而來？

是基因決定的嗎？還是源於你的日常行為？請看這個量表。左邊是極端的「全靠基因」，右邊是「全靠我的決定」。

基因＿＿＿＿＿＿＿＿＿＿＿＿＿＿＿＿＿＿＿＿＿決定

現在標出你評估的位置落點，你的樂觀是百分之百天生的嗎？還是百分之百都是你自己決定的？或是處於中間的某個位置？現在你可能會問：「這有正確答案嗎？」是的，有。科學顯示，我們的樂觀情緒只有25%是遺傳的。25%！這為我們成年後培養更樂觀的態度留下了很大的空間，從本質上看，這意味著人人都能提高自己的樂觀程度。

錯誤的樂觀主義

順帶一提，樂觀主義是學術界研究得最透徹、卻最不為人理解的概念，這就是為什麼至今仍有人會嘲諷：「樂觀者是那種逃避獅子而爬到樹上，然後看風景的人」的說法。你現在要學到的並不是「全速前進，我們辦得到」這種不切實際的樂觀。

當我們對某種情況產生正面或負面反應時，大腦會發生什麼事？研究顯示，正面的情緒與大腦左半球較強的活動有關，我們大腦的這一部分表現得非常好。而在大腦的另一側，有一個處理負面訊息的部分，這些神經元的工作就不那麼順利。正面情緒與左半腦的較多活動有關，負面情緒則會刺激右半腦。奇

特的是,你是左撇子或右撇子,對某種情況的反應會截然不同。

舉例來說:研究人員給一些人看60秒的幽默默片,其中左腦活動較多的人有更強烈的愉快反應,然後他們又給這群人觀看了60秒不那麼好笑的影片,其中那些右腦活動較多者的負面情緒則強烈許多。不過別擔心,我們可以改變這種情況,透過有意識地改變我們的思維過程,我們可以重新連結我們的大腦。這個科學的重大發現,是透過一台零食自動販賣機獲得證實,但它不是普通的零食自動販賣機,而是一台會吃錢的零食怪物。

它上面貼著一張標籤:「請注意,這台機器有時會吃錢。謝謝您,管理人員敬上。」接著,人們在休息時間買零食時看到了這張貼紙,但他們還是把錢投進去,然後他們大吃一驚,販賣機真的如同貼紙上所寫的那樣:錢沒了,零食沒了。有些人甚至連續試了三次,想像一下,換作是你呢?會不會也投錢進去,因為你告訴自己:「喔,這種事不會發生在我身上。」這就是不切實際的樂觀主義。

科學表明,87%的人都是這麼做,為什麼?因為大多數人的大腦都願意相信自己的生活會充滿好事,壞事會發生在別人身上。重點是,這種不理性的樂觀主義實際上會帶來更多痛苦,而不是防止痛苦發生。你真正需要的是現實的樂觀主義,這是一系列信念和特質,能幫助我們關注生活中的積極面,這是一種展現韌性和個人力量的人格模式。

樂觀的技術人員

在追求樂觀主義的道路上，艱難的挫折往往出現在最糟糕的時刻。就拿我來說吧，當我抵達一個活動現場，想把我的MacBook連上技術設備時，有一個小小的安全裝置阻擋了蘋果筆電在投影機上顯示圖像，這種情況非常罕見，網路上幾乎沒有相關新聞，因此我措手不及。在技術檢查的過程中，圖像時有時無，無法維持穩定傳輸。接著，技術人員一派輕鬆地看著我說：「沒辦法。」在這種時候，一味堅信問題馬上就能解決是無濟於事的，所謂的魔法思維在兒童身上很常見，它是兒童想像力的一部分，有時成年人身上也會有，但這毫無幫助，光念魔法咒語是無法在螢幕上顯示圖像的。

因此，唯一的出路是現實樂觀主義：這是十年來第一次發生這樣的事，這與我不夠深思熟慮無關，但也許我可以和技術人員合作，看看我們能做些什麼來破解Mac的數位防護機制。首先要找出問題在哪，技術人員回答：「如果電腦要在多個螢幕上顯示圖像，數位保護就會阻止。你要同時在講台上的控制器和台下螢幕顯示圖像，它就會罷工。」原來如此。「如果我不用控制器呢？我對投影片上的內容瞭若指掌。」技術人員說：「這樣應該就可以。」賓果！演講開始進行。現實樂觀主義就像自製的精靈粉，是一種你認為自己可以影響解決之道的內在態度。

這也說明了這一面向與替代方案思維的關係。如果我相信我對解決方案有影響，我就更有可能努力尋找解決方案。故事

還有續集，六個月之後，我在蘇黎世舉辦另一場演講，那裡的技術人員傳來了電子郵件：「由於數位安全機制，您的Mac會有問題，我愛莫能助。」我回覆：「是的，我知道這個困難。您不妨上網看一下，您的同行在網上介紹了各種解決方案，不僅能讓我在您那裡順利工作，而且很可能還能造福在我之後的Mac用戶。」過了兩星期，我在出發前收到回覆：「成功了，我們期待您的光臨，謝謝您的建議！」我向友善的鄰國輸出了一點現實的樂觀主義，現在我們已經是兩個體驗過積極行動的人，而不是躺平在「一籌莫展」的內在沙發上。

遇到困境時的三種歸因法

上面的故事有個快樂結局，但是除了故事之外，重點是樂觀主義是如何運作的？在遇到問題時，我們需要弄清楚我們詮釋事情的三個層面，這在心理學中稱之為「歸因」，歸因就是詮釋，是我們對自己和他人提出的解釋。

樂觀主義者使用它們的方式非常特別，我們從「內在的／外在的影響」、「穩定的／不穩定的頻率」和「特定的／整體的適用性」這三個面向來進行歸因，其中「適用性」這個詞是我自己創造出來的。

某些歸因方式會折磨自己，我完全曉得這種感覺。在我職業生涯的初期，我培訓過許多醫生，在一次研討會上，有個醫生坐在第三排，從頭到尾都一副臭臉。我納悶：這是怎麼回

事？其他人似乎都很開心，談笑風生，只有他坐在那裡瞪著我，好像我在ebay上拍賣他的醫生執照一樣。活動結束後，他朝我走來，我心想這下不妙了，接著他一臉不悅地說：「諾頓先生，這是我聽過最好的訓練。」我這才意識到，那是他表示「我很開心」的表情。

我不想思考他心情不好時是什麼樣子，我當時學到的是：在詮釋情況時，「你自己掌握」的想法比「唉，希望它快點過去」要有用得多。如何應用這個方法呢？請看以下的表格整理：

	影響	頻率	適用性
面對失敗的現實樂觀主義	外在的：這取決於我個人以外的因素。	暫時的：這會發生，不過很少發生，而且很快就過去了。	特定的：這表示就只有這一次不怎麼順遂。
面對成功的現實樂觀主義	內在的：這取決於我。	永久的：我總是如此。	整體的：這表示事情總是會再次順利進行。
面對失敗的悲觀主義	內在的：這取決於我。	永久的：我總是如此。	整體的：我一無是處。
面對成功的悲觀主義	外在的：這也不可能搞砸。	暫時的：這不是保證。下次又會出包。	特定的：是的，這項任務順利完成沒錯，但不代表別的事情也能如此圓滿。

下面放了一個空白表格，你可以用它來分析你自己的情況。在左上角用兩三個關鍵字寫下事件及其結果，例如「在公司做口頭報告，螢幕無法顯示Mac畫面」。然後填寫接下來的空白行列。現在來個真正有教育價值的提示：不只寫下，也真正去做。那麼，開始吧。

事件	影響	頻率	適用性
我如何看待它：			

好的，現在看看你的答案如何歸入這兩種類別，你看到的影響是內在的還是外在的，是一次性、暫時的，還是反覆出現、永遠存在的模式？你的結果只適用於這個特定領域，還是適用於你生活的所有領域？現在，在下一張圖表中寫下與你最初詮釋相反的內容。如果你最初想的是：「因為我……」，那麼現在請在「影響欄」中寫下：「因為環境……」，另外兩欄也依照同樣方式處理。

事件（同上）	影響	頻率	適用性
我也可以如此看待它：			

你會發現：這兩種歸因在你產生的想法和感受方面，會帶來很大的不同！重要的是在過程中，你必須誠實地面對自己。沒有人總是堅信自己是所有成功的唯一創造者，連超人也有那

個氪星石的問題。但是，牢記自己是如何詮釋成功或失敗的，並將這個方法專業化，這不僅具有建設性，還能賦予我們行動力。

如果你是團隊領導人，也可以在專案會議中將這種方法帶入團隊中，你將驚訝地發現對話和想法的出現以及歸因的影響。有了這個小小練習，人們顯然更容易對失敗釋懷，因為它清楚顯示，觀點不只有一種，事情也不總是自己的錯誤造成的。省略那些「搞砸之夜」吧，利用歸因法看待問題，保證有效。

從本質上看，這種策略能讓你學會系統性地考量對逆境事件的其他解釋，並選出最具變通性的特定解釋，這是增加更多樂觀的關鍵，我將舉例說明。往後，你可以隨時取用這個模式。讓我們從 A 開始：

> **A：逆境（Adversity）**
> 首先，識別不順事件，目前是什麼情況在困擾你？舉例來說，你的團隊收到了老闆的負面評價，她說你們的合作默契不足，無法達標，因此她必須重新分配專案。在確定這個負面事件時，請注意以下三點：
> 1. 說明有關這個情況的人、內容、時間和地點。
> 2. 描述要具體準確。
> 3. 不要讓自己的信念逐漸被逆境綁架！

B：信念（Beliefs）

信念幾乎是自動與某些想法產生連結，在許多情況下我們甚至沒有自覺：「我到底有什麼問題？我生來就不適合做這個。我不會跟人相處，我沒有說服力。」然後你就會產生這樣的想法：「我已經很努力工作了，但顯然這並不重要。」或者：「我討厭我的老闆和這份愚蠢的工作。」

接下來請你：

1. 寫下你在逆境中對自己說的話。
2. 你在當下想到了什麼？
3. 逐字寫下來，不用擔心禮貌問題！

C：後果（Consequences）

這些想法和信念會對我們的感覺和行為產生影響。你的腦中浮現：「我被失敗的回憶壓得喘不過氣，我在逃避新的安排，我的自信和動力在減退，我可能很快就要放棄了。」兩天前你收到了回饋，現在還在生氣。你很想告訴老闆你的想法，然後辭職，讓她去接手你下星期的工作。你昨天請了病假，因為你受不了見到老闆。但你不知道明天該怎麼辦。你需要這麼做：

1. 寫下你信念的後果：你有什麼感受？你做了什麼？
2. 具體一些，列出你所有的感受，以及你盡可能多的反

應。
3. 問問自己：以你的信念來看，你的行為是否有意義？
4. 如果你沒有得到啟發，請看看能否找出更多你沒有意識到的信念。

D & E：從爭論到激勵（Dispute to Energize）

這個D也可以代表「去災難化」（de-catastrophize），因為這裡的重點是要好好審視你的信念的真實性。在教練輔導過程中，我們有時會以書面形式來做這件事，用紙筆或鍵盤都可以。

例如一個業務員可能會寫下這一段話：「我已經連續被拒絕20次。業務並不總是一帆風順的，但這不見得代表我這個人有問題，只是我運氣不好。我相信自怨自艾不會提升成交機會，我記得有人告訴我，嘗試50次才成功的情況並不罕見，如果有人在我還沒講完就揮手趕我走，那與其說是我的問題，不如說是話題的問題，主管也曾低潮過，或許這只是經歷的一部分。那麼最壞的情況是什麼？即使我不是全公司最好的銷售人員，也不意味著我就是個失敗者，我可以做別的事。聽說現在的人都會多次更換工作或轉行，為什麼我就不能換？如果業務行不通，我就去找我能做得更好的工作。」

在這個爭論階段，我們可以挖掘我們的信念正確與否的證明，這對我們很有幫助。首先，事件很少只有單一起因，所以尋找其他解釋是值得一試的。其次，我們並不是第一個經歷這種事情的人，那麼，其他人是怎麼想、怎麼說、怎麼做的？

此時，你扭轉局面，你正視自己的消極思想，並提出質疑。即使你認為老闆在評價你時可以更公正，但她說你不像其他許多專案小組那樣通力合作可能是對的，你並不總是能自在地與客戶交流，這點可能被她識破。但與此同時，你也不像她所說的那樣完全無能，如果她真的不喜歡你們整個團隊，她大可以要你們全部走人，也許你們每個人都把這件事看得太針對。那麼，你要如何挑戰自己的信念？

1. 提出一個證據來證明你的信念是不準確的，建立一個對當下危機更準確／更樂觀的備選信念，或將你的信念相對化。
2. 你可以使用下面的關鍵詞來擬定答案：
   a. 證據：這不完全正確，因為……
   b. 備選方案：更精確的方法是……
   c. 相對化：最可能的結果是……我可以做……來應對它。

這其實是關鍵的一步，因為這個挑戰過程為關鍵的能量轉變鋪平了道路。接下來你的任務是：

1. 寫幾句話，談談你的重新反思如何改變了你的能量。
2. 你的心情發生了什麼變化？
3. 你的行為有什麼變化？
4. 你看到了哪些之前沒看到的解決方案？

在我們的例子中，你的怒火會大大減少。你依然對評價只聚焦在負面有點惱火，但你知道你的老闆那天有很多事要做，所以她可能只想節省時間。縱然你們難以承認作為一個團隊，你們不像其他一些團隊那樣合作無間，但你們也了解這一點。實際上，你現在會期待花更多時間和同事們一起討論，而不再總是緊張兮兮。

有毒的樂觀主義

　　毒藥其實是過量問題，帕拉塞爾蘇斯（Paracelsus）的這句話值得深思。因為樂觀也可能變成毒藥，有時我們想表現得過於快樂，以掩飾、否認自己的真實感受，但有時生活就是如此糟糕，整天假裝積極向上，我們就是在否認人類的真實經驗。

　　因此，如果你想要隱藏自己的真實感受，試圖隱藏或否認，上網搜尋雞湯語錄來「繼續生活」，請務必保持警惕。你

應該對所有以「保持樂觀」或「往好的方面想」作結的言論保持批判態度，當然這些言論是出於善意，但方法不對。如果有人將「快樂是一種選擇」之類的口號從他們的勵志古董箱裡挖出來，讓你覺得你沒有「決定」變得快樂是你自己的錯，請不要踏上這條心理道路。

現在，我們來看看如何有目標地、持久地調節你的情緒恆溫器。

技巧 6　情緒管理：更妥善地處理無益的情緒

「容我提醒：3A 座位上的 A 不代表混蛋（Asshole），而是代表靠窗。」我的一個空服員朋友曾經很想對乘客說這句話，那是在法蘭克福飛往柏林的航班上，她遇上一位點了第三杯番茄汁並堅持要加現磨胡椒粉的暴躁西裝男，她回答：「很棒的想法，很可惜要到了柏林才會有新鮮胡椒。」她的行為非常危險，高血壓風險極度堪憂，這是對情緒的傷害，也是複雜的腦力工作，她在壓抑自己真實的情緒。

在心理學中，當我們管理自己的真實情緒，不讓它們未經過濾地流露出來時，我們稱之為情緒勞動。壓抑情緒是一項極為艱難的腦力勞動，當我們友好地達成共識時，情緒上我們卻極可能想比中指。針對女性空服員日常的研究愈來愈多，張真平（音譯：Cheng-Ping Chang）和邱如梅（音譯：Ju-Mei Chiu）（2009 年）發表的一項研究顯示：女性空服員的情緒勞動明顯多於男同事，而且女性空服員的情緒勞動與她們的情緒耗竭有

顯著的關聯性。

情緒調節,亦即我們影響自己表現出哪些情緒的方式,是處理這些情況的中心面向。現在,人們甚至將情緒表達的表面調適(被稱為表面行為〔Surface Acting〕,一種膚淺的、以反應為中心的調節)與實際改變所感受到的情緒(被稱為深層行為〔Deep Acting〕,亦即員工改變他們的感受)做出區分。

LATTE 步驟解決情緒勞動

星巴克的管理階層決定使用所謂的「習慣循環模式」來取代不健康的情緒勞動,並培訓員工如何應對這種壓力局面。這一術語可追溯至美國記者查爾斯·杜希格(Charles Duhigg),他簡潔解釋了行為如何快速自動化,即使在壓力情況下也能執行。

這種情況很多,尤其當客戶及其需求出現時。上一位客人抱怨咖啡太燙、下一位顧客抱怨員工動作太慢,但你還是要保持從容優雅,高喊「中杯星冰樂榛果口味外帶卡爾」,這需要情緒勞動。因此,星巴克制定了培訓計畫,協助員工處理明顯的不滿和棘手情況,其中一種方式被稱為LATTE法。

L	Listen	聆聽客人心聲
A	Acknowledge	確認客人的投訴
T	Take Action	採取措施,解決問題
T	Thank	感謝客人

E　Explain　　　　　解釋問題出現的原因

LATTE已成為一種自動化、習慣性的應對方式,能將大吼或抱怨的客人變成滿意的客人。它很有效!我們也可以在星巴克之外的場合學習有效管理自己的情緒,透過影響情緒的強度、持續時間或時刻的方式來進行。當然,這包括了正面和負面的情緒,但由於負面情緒在AQ中扮演著重要角色,因此以下的解釋會將重點放在負面情緒上。

處理負面情緒,通常意味著減少其影響。我們都可以做到這一點,在我們的情緒開始宣洩出來的那一刻,我們就有機會採取行動。我們可以透過積極影響情勢、引導注意力,或重新評估局勢來做到這一點。

改變情況、觀察情況的特定面,以及用不同的視角看待情況,這就產生了三顆螺絲釘,我們可以轉動這三顆螺絲釘,以便從情緒勞動轉換到情緒適應。其中有一顆螺絲釘不包含在內:壓抑。為什麼不包含在內?因為許多研究清楚觀察到,試圖壓抑只會讓事情變得更糟,壓抑情緒會你的思維和記憶陷入危險,別人也會因此而不喜歡你。

在研究中,參與者在進行fMRT腦部掃描時,會看到一些令人不舒服的影片片段,然後他們會被要求壓抑自己的情緒,重新認知這些刺激,或者(在對照條件下)簡單地做出自然反應。這兩種情緒調節策略都會增加前額葉皮層的活動,因為該區域同時支援自我控制和思考。不同之處在於杏仁核,重新評

估會減少杏仁核的活動,因為這刺激被認為威脅性較小;反之,抑制則會增加杏仁核的活動。簡言之,這就像警鈴響聲會愈來愈大,因為你不做任何事來表達情緒。基本上,當我們抑制了情緒的外部表達時,我們內部的生理情緒警報會變更強,難怪壓抑經常會導致記憶力衰退和血壓升高。

舉例來說,在學術界裡,成功與否取決於能否在最好的學術期刊中發表論文,而要做到這一點,必須經歷壓力極大的審查過程。匿名同事會想盡辦法找出你研究中的漏洞和錯誤,而你往往要經歷幾個回合的攻防,用新的實驗或新的數據分析來回應他們的批評。許多剛起步的研究人員認為這些批評是不公平的攻擊,因而放棄回應,在過程中壓抑自己的失望、沮喪和憤怒。

羅徹斯特大學的班傑明・查普林（Benjamin Chaplin）和哈佛大學公共衛生學院的一組同事在2013年進行的一項研究顯示,壓抑情緒的人早死的風險會增加30％以上,罹癌的風險則會增加70％。相較於「壓抑情緒」,你更可以試試以下三種方式,它們分別是「反應調節」、「控制注意力」和「重新評估」。

反應調節組:

改變現狀,可能嗎?

反應調節是情緒自我管理的一種類型,有些人會從情

商（EQ）的角度認識它。儘管所有的情緒調節，都是為了幫助我們適應挑戰性的工作環境，但它們也會讓我們付出相當大的代價。放鬆技巧是有幫助，但它們只是幫助你放鬆，無助於處理情緒。相較之下，正面情緒能發揮更大的作用，激發出來它們有助於喚醒自律神經，鎮定負面情緒造成的內在狀態。

研究人員米歇爾・圖加德（Michelle Tugade）、芭芭拉・弗雷德里克森（Barbara Fredrickson）和麗莎・費爾德曼・巴雷特（Lisa Feldman Barrett）（2004年）指出，正面情緒和許多有益的健康結果相關，包括提升免疫功能、降低心臟病風險和減輕憂鬱症症狀。神經心理學家理查・大衛森（Richard Davidson）、戴倫・傑克森（Darren Jackson）和內德・卡林（Ned Kalin）（2000年）的研究結果指出，從情緒挑戰中恢復，需要大腦某些部分的活動增加，這些部分與正面情緒體驗相關。

注意力組：
語言能消除壓力嗎？

提姆・洛馬斯（Tim Lomas）很愛「pretoogjes」這個荷蘭字，這位東倫敦大學的正向心理學講師長期在尋找那些描述愉快事物的難以翻譯的單字。「pretoogjes」正是這樣一個例子，它最貼近的描述是

「做著善意惡作劇的眼神」,而這只是他彙整出的一千個這類不可譯單字之一,另外還有西班牙單字「estrenar」,描述穿上新衣服時的自信感覺的字彙。或芬蘭語中特別的詞彙:hyppytyynytyydytys,指的是一種坐著的滿足,那些舒服地坐上軟墊或舒適椅子上的人會這樣描述他們的幸福感。它們構成了關於日常幸福及其不可翻譯性的寶庫,並發表在《翻譯幸福》一書中。記者凱蒂・史坦梅茲(Katy Steinmetz)由此想到,在鬱悶緊張的時刻,或許可以沉浸在這些舒適的外來語中。

是的,對情緒的正面描述,對我們的情緒管理具有強大力量。

深層行為策略組:
重新評估

如何改變自己的感覺?使用SBB技巧,它分為三個明確的步驟:

1. 停下腳步(Stoppen),深呼吸兩三次。它能活化副交感神經系統,讓你的腦袋立即冷靜下來。
2. 說出(Bennen)你所感受到的情緒。研究表明,單單說出名稱就能明顯讓激動情緒緩和下來。
3. 重新評估(Bewerten)狀況:這件事的正面意義是什麼?下一次我能學到什麼?這種重新詮釋可以讓

情緒徹底平息。

美國心理學家麥可・莫里斯（Michael Morris）在矽谷的公司也傳授這項技巧。當公司員工使用它時，會發生兩件事：即使面對持續不斷的變化，重新評估也會促使人們認真審視正面因素和機會，因此害怕搞砸的人就會少很多；其次，這種情緒化的重新評估運用的愈多，對工作的投入程度愈高。

8

增加你的行動AQ

你必須反應迅速,適應力強,否則戰略就形同虛設。
　　　　——法國前總統戴高樂(Charles de Gaulle)

在心理學中，思維、情感和行動被視為一個三角形，它們不斷交互影響。思維和行動透過計畫連繫在一起，行動產生回饋，繼而又喚起情感。這些情緒會影響思考，進而影響行動，因此，下一個要看的就是行動中的AQ。

技巧 7　積極行事：主動出擊

　　2017年時，我還經常搭飛機，其中一趟前往蒙特婁的長途飛行對我而言相當特別，這是一場國際演講。在準備出發的過程中，我考慮這次要怎麼飛？商務艙價格昂貴，我的里程數又不足以升等，似乎應該選較便宜的機票。但一位同事建議我，既然是出差，不要選便宜的，而是要選好的航班，我聽從了他的建議，買了德國航空公司的機票。

　　出發前幾天，我接到一通電話，來電者名叫馬爾特。他說自己在德航工作，他問我是否需要簽證方面的協助，或者對我的停留和流程有任何問題。最讓我驚訝的是，他聽起來完全不像在照本宣科，就像是他本人熱情想協助我。然後，他問我這趟旅行最期待的是什麼？當然，如果我不喜歡這個問題，就不必回答。老實說，我根本沒想過這個問題，我一心只想到我的演講。結果，他真誠地和我進行了長達15分鐘的對話，聊了蒙特婁的整體狀況和一些景點。

　　我不知道這是否經常發生，或者馬爾特只是想趁沒人在的

時候小試一下，無論如何，這都是一個積極主動的典範。蕭伯納曾說：「世界上有三種人：讓事情發生的人，觀察事情發生的人，以及想知道發生了什麼的人。」研究也證實了這句名言，2000年，美國聖母大學的J・麥克・克蘭特（J. Michael Crant）報告了當時已發表的各種研究文章，包括工作績效、銷售成功、領導行為、創業精神、團隊成功，甚至美國總統聲譽的關聯性，結果顯示，積極主動不管對人和公司都有強大的正面影響。格蘭特（Grant）（1995年）對房地產經紀人進行了為期九個月的追蹤調查，記錄他們的成功經驗，並測量他們的主動性，結果清楚顯示：較積極的人賣出更多房子、獲取更多佣金、贏得更多客戶，而這與其他通常和銷售成功相關的人格特質，例如自覺性或開放性無關。

行銷領域也一樣。經濟學家麥可・貝福蘭（Michael Beverland）、法蘭西斯・法瑞利（Francis Farrelly）和薩柏・伍德海契（Zeb Woodhatch）（2007年）發現，廣告公司顧問的主動行為與更具成效的客戶關係明顯相關。研究顯示，好的廣告人懂得掌握「主動性」、「拓寬視野」、「進行策略反思」並「發出積極主動的信號」，這也表示積極主動是客戶滿意的推動力，進而促使客戶購買新的服務，而被動消極的態度只能減少客戶的不滿情緒。為了提高積極主動的能力，這些機構也開始將建立信譽的方法、不同溝通管道、關係承諾和資源支持結合起來。

金融業也開始主動出擊。2007年，由約翰內斯・蘭克（Johannes Rank）領導的組織心理學團隊發表了一項觀察結

果，即員工的主動性與客戶服務績效明顯相關。這些員工的自發、長期和持久的服務行為遠遠超出了規定的要求，為此，研究人員分析了186份主管和員工的數據資料，發現積極主動的服務績效與員工對主動性、有效的組織承諾、任務複雜性和參與式領導的評價有顯著關聯。在上司、同事和員工看來，積極主動的管理者更具有領導素質，也是更積極的執行者。

許多人呼籲管理人員在工作中要更加積極主動，主動的行為成為工作績效中日益重要的組成部分。在這方面，重要的是個性、個人動機、對角色和責任承擔的自我效能。J・麥克・克蘭特在2000年的著作中指出：不管是從員工或管理者的角度，結果都是一致的。

這種積極主動性如何體現？積極主動的人喜歡把事情掌握在自己手中，提出新的倡議和看法，或積極參與改變，他創造改變而不是等待改變。一個較不主動積極的人則會採取比較冷靜的態度，傾向透過現有的東西來處理事情。這就是「行動吧」和「順其自然」的差別，是「標竿制定者」和「開拓者」的差別，是「改革者」和「改革受害者」的差別。當你見到某人，你是迎向他，還是站在原地等他過來？在商業中，積極主動者會有意識地決定積極參與還是退出，不管是換新工作，還是制定老年退休計畫。

與本書所探討的許多其他特質一樣，主動性也是可以改變的。呂納堡盧帕納大學的莫娜・門斯曼（Mona Mensmann）和麥克・弗雷斯（Michael Frese）（2017年）制定了一套培訓計

畫，以加強主動性。他們和J．麥克．克蘭特和其他研究者的成果，可以歸納為以下幾個反思方式。當然，你不需要回答每一個問題，只要將它們視為加強主動性的實例。門斯曼和弗雷斯方法的有趣之處在於，他們也將這一工具用於加強求職者的主動性，畢竟，有什麼比尋找新工作更核心的個人動力？以下幾種刺激更為廣泛，適用於多種情況。

1. 拓寬視野： 重點在於持續關注公司或行業目前的發展、當前的重要話題。這是一種探索活動，因為只有具備你渴望朝向的目標，才能有效地採取積極主動的行動。這與兩種視野有關：一種是你自己的視野（透過為自己、公司或行業即將發生的變化做好準備來擴展），另一種是客戶的視野（透過預測他們的需求並從行業發展中推斷出來）。在商業領域，這使我們得以區分僅僅滿足已知的客戶需求與超越具體訂單處理的區別，在後一種情況下，透過發起促進整體關係的可信對話，可以有效拓展商機。

現在正在發展什麼？這個專案如何才能成為更大策略的一部分？我的行為如何能帶來未來的成功？我應該從哪裡著手來實現這一目標？

2. 延伸目標： 延伸目標是指不確定能否實現的目標。

它們不是SMART目標這種明確可實現的目標，SMART會讓你積極行動，但不會讓你主動出擊。延伸目標超越了這一點，它們源於「我想改變某些東西」的心態，這就把目標變成了對事情進程有影響的目標。

你想改變什麼？

3. 預見各種情況：你其實可以預測問題，好比親自測試你的產品和服務，並設想最難搞的客戶可能會做些什麼。同時，也要注意那些可能讓你的日子不太好過的趨勢，因為客戶總是希望他們的服務供應商源源不斷地提供新的理念和趨勢。

其他人對你的產品有什麼問題？哪些方面讓他們感到困難？你還能為這些人解決其他什麼問題？

4. 成為先鋒：成為「先鋒」在某些情況下似乎沒什麼好處，然而這正是積極進取者的特點，他們敢於嘗試新事物，勇於跳入深淵。想法產生之後許多人沒有邁出的一步，就是真正去嘗試。這種開拓精神也是向客戶發出的信號，表示公司已準備好去經營更廣泛、更深入的關係。在公司內部也可以這麼做，定期從同事或主管那裡獲得回饋，也可以詢問公司外部的人，以獲取不同的視角。

> 在客戶、同事或主管沒有提出要求的狀況下,你是否曾嘗試為誰做些什麼?如何獲得良好的回饋?

如何評估你的團隊和公司的積極主動程度?缺乏主動性反映在自我滿足上,而自我滿足又表現為「高談闊論」、壓制問題或專注於狹隘的短期目標,結果就是安於現狀。

技巧 8　應對技能：解決問題

　　2018年，時任交通部長的安德烈亞斯・舍爾（Andreas Scheuer）說：「市民在手機收不到訊號的地區，可以下載這款APP發送信號。」民眾首先需要時間消化這件事，而當他偶然發現自己這番話在推特上被瘋狂轉發時，他自己可能也需要一點時間消化。威廉・菲爾普斯・埃諾（Willam Phelps Eno）在從事交通運輸業時也經歷過挑戰，不過他的情況不同：他是運輸工程之神。20世紀初，他發明了停車、行人穿越道、圓環、單行道和計程車停靠站的標誌，但只有一件事他不會：開車。

　　他對自己的所有發明都只有間接的體驗，因為直到他年老時汽車都還很罕見，他也沒有駕照。然而，即使馬車也會造成交通堵塞，而這位年輕的交通先驅和他的母親就碰過一次。這一定令他惱火萬分，同時也著迷不已，以至於他在別人束手無策的情況下，發明了上述所有便利道路交通合作和控制的措施。他的家鄉南錫的交通管理部門對他這些創舉感到自豪（或同情），還授予他一張榮譽駕照。

無論如何，埃諾決定採取行動。這是我們的兩個選擇之一：要嘛解決問題，要嘛自求多福，在研究中，我們稱之為「應對」。埃諾使用的是問題導向型應對方式，而以下的歌詞片段精準概括了情緒導向型和逃避導向型應對方式：「又到了那個階段，除了流鼻水，什麼都沒有發生⋯⋯你更喜歡動也不動，沙發、電視和運動服。」（楊・迪雷〔Jan Delay〕）在應對挑戰時，我們只能在這兩者之間作出選擇：行動或修復情緒。

舉例來說，你被委以一個複雜專案的重任，這關係到公司的生死存亡、你的職業生涯和你在公司中的地位，迄今為止，你從未做過如此大規模的任務。如果理查・拉札勒斯出現在你的辦公室——純屬虛構，因為這位著名的美國心理學家2002年就離開我們了——他會對你說：你現在內心正在經歷三個步驟。首先，評估情況，看看這是否對你造成壓力，而在「從未做過」、「對公司極其重要」和「可能扼殺我的職業生涯」的條件下，你做出「是」的評估是完全可能的。

接下來就是第二步，現在，思考一下你自己擁有哪些資源：完成工作的規劃能力；熟悉任務的時間；如果團隊成員突發奇想，想要違反規定安裝排煙系統，你是否有辦法堅持到底；能對你伸出援手的同事有哪些，等等。

最後是第三步，也就是所謂的重新評估，這可能會朝兩個方向發展：要嘛你心想：「慢慢來，別緊張，我能應付，我能做好計畫，我在一定程度上能堅持自己的方式，在緊急狀況下我可以打電話給梅德，他的名片還放在我口袋裡，是上次風險

管理大會上閒聊時留下的。」你對情況的評估是中性的，是可以處理的。或者你會想：「喔，天哪，這下完蛋了！」你謹慎地評估，認為形勢不好控制，接著你又想：「喔，那個人，他是個工程師，是我女兒男朋友的爸爸，我能打電話給他嗎？」一個新資源可能會重新啟動整個循環，這種情況經常發生：我們兜兜轉轉，直到做出最後評估。

這就是局勢要求我們做出反應時的情況，當某種情況的要求超出我們的想像時，緊張感就會產生，我們必須相信自己能掌控局面，以此來反駁對局面的擔憂。是否會產生壓力也取決於這種評價，這種情況多得令人難以置信，命運有無限豐富的想法來考驗我們的應對能力：

1. 當你關上水龍頭時，你把整個水龍頭扭斷了，水嘩啦嘩啦流到浴室地板上，而且在可預見的一段時間內還會繼續流下去。
2. 火車晚一小時到，打亂了原有的轉車計畫，而你原本要搭那班車去重要客戶的年終展示會。
3. 電子郵件（！）傳來消息：很遺憾地，臨時僱用合約無法再延長。
4. 你帶三歲的女兒去嬰兒游泳池，然後她這幾天來第一次尿濕尿布了。

無論是什麼，理論過程都相同，這往往會讓人意識到：這件事我可能辦不到。

情緒或逃避導向型應對

怎麼辦呢？讓我們迅速看看人們在以情緒或逃避為導向時會做什麼：他們嘗試轉移注意力、冥想、使用系統性放鬆技巧，或者讓自己的情緒自由發洩。人格心理學家查爾斯・卡弗爾（Charles Carver）、麥克・謝爾（Michael Scheier）和賈格迪希・溫特勞布（Jagdish Weintraub）（1989年）將其分為五種形式：尋求情緒上的社會支持、正面的重新詮釋和成長、接受、否認與轉向宗教。逃避應對的方式包括「宣洩情緒」、「心理逃避」和「行為逃避」三個子策略。此外，還有「使用幽默」和「使用非法藥物」等行為方式。

因此，如果你在有壓力的情況下，有以下任一種想法或採取了相應行為，那麼你就是以情緒或逃避導向方式來應對壓力：

——我嘗試透過這次經驗來成長。
——我轉向工作或其他替代活動來分散注意力。
——我心煩意亂，情緒失控。
——我對自己說：「這不是真的。」
——我把結果寄託上帝。
——我對這種情況一笑置之。
——我承認自己無法承受，於是放棄嘗試。
——我和他人談論我的感受。
——我喝酒或吸毒，讓自己好受些。

——我習慣了事情就是發生的這種想法。
——我夢想事情不是這樣。
——我尋求上帝的幫助。
——我拿這件事開玩笑。
——我接受事情已發生且無法改變的事實。
——我嘗試從親友那裡得到情感支持。
——我放棄了實現目標的努力。
——我拒絕相信這一切的發生。
——我發洩自己的情緒。
——我嘗試換個角度看問題，讓它看起來較為正面。
——我比往常睡得多。
——我獲得別人的同情和理解。
——我從正在發生的事情中尋找好的一面。
——我裝作這一切並沒有發生。
——我去看電影或看電視，好讓自己少想這件事。
——我接受了這件事已發生的事實。
——我經常感到擔憂並發現自己經常表達這些情緒。
——我試圖從宗教中找到慰藉。
——我不再付出解決問題的努力。
——我向別人傾訴我的感受。
——我學習與它共存。
——我思考從中能學到什麼。
——我比往常祈禱得更多。

然後呢？情況和我們的應對能力都沒有改變，所以一切很可能又會再次發生，這會產生心理學上被稱為「情緒激動」的狀態，當我們情緒激動時，我們的注意力會減弱，記憶力會衰退，做決定的能力也會下降。在伴侶關係中經常會碰到這種情況，有些丈夫就有過這樣的經驗，當妻子望著他問道：「親愛的，你知道今天是什麼日子嗎？」

當我們將某種情況（即使是忘記結婚紀念日之外的情況）評估為威脅時，就會啟動第二個思考過程，這就是二次評估。在這個過程中，我們會考慮自己是否有足夠的能力和資源來應對這一威脅，如果答案是肯定的，我們就會開始行動並成功應對，這樣，我們未來我們對類似情況的壓力感就會減少。當然，這三個階段之間會不斷反覆，也可能循環多次，AQ在這裡的作用，是以冷靜、系統性的方法來應對引發壓力的情況和挫折。

問題導向型應對

當我們投入問題導向型應對方式時，意味著我們要採取行動了，我們消除了緊張的根源，負面情緒自然也就消失了。這種「消失」是如何發生的？以問題為導向的處理方法，例如當我們接管對壓力刺激的控制，尋找資訊或幫助來應對或解決壓力情況時，就會出現。

在以問題為導向的應對方式中，我們將壓力源視為我們可

以採取行動改變的事情,例如完成一份報告。在問題導向的應對中,當事人會看到可以用努力改變壓力狀況,這些努力的特點是願意承擔風險和掌握問題的認知能力,用於實現這一目標的技巧包括:積極應對、計畫、抑制競爭活動、練習克制及尋求有力的社會支援。當人們這麼做時,他們會用以下的句子來描述:

——我試著向別人請教我該怎麼做。
——我正在集中精神想出對策。
——我找人談,以更深入了解情況。
——我注意避免不被其他想法分心。
——我正在制定行動計畫。
——我採取了更多措施來嘗試解決問題。
——我和一個能具體解決問題的人談。
——我試圖想出一個可行的策略。
——我集中精神克服這個問題,並在必要時暫緩其他的事情。
——我正在考慮處理這個問題的最佳方式。
——我留意不過早行動而把事情搞砸。
——我請教那些有過類似經驗的人,他們是怎麼做的。
——我正在認真考慮應該採取什麼行動。
——我把該做的事按部就班完成。

結論是：以問題為中心的應對行動，是由那些將問題視為機會、且是可解決的人來執行的。採取問題導向型的應對方式的人更有動力和決心，在應對問題時會投入更多時間和精力。

在以上這些應對方式中，你最常用的是哪一種？針對你使用的每種應對方式，請列舉一個有效使用的例子，這種方式在什麼時候可以有效處理情況？

同時，舉出一個你打破這種應對方式的例子，思考一下區別在哪裡？是什麼幫助你得宜地運用這種應對方式？最後重新回頭審視，你認為自己需要更多種應對方式嗎？比如說，你是否曾以另一種方式成功地解決問題？過程如何？你能從中學到什麼？

技巧 9　運用動機焦點

　　我們必須不斷自我定位：求穩還是求變？求新還是守成？積極朝目標前進，還是不消極、不犯錯就好？你的方向是什麼？你的動機焦點是什麼？這些問題是為了讓我們做出一個基本而深刻的決定，它關係到我們的自我調整，直接影響到我們行為的各個方面，關乎我們選擇哪條道路來實現目標。

　　聽起來有點平凡無奇？事實上，這兩個焦點決定著我們的日常生活，它們決定了我們如何制定目標。

　　動機焦點理論的一個中心原則是，尋求快樂和避免痛苦是兩種截然不同的方式，它們表現為兩種不同的自我調整系統，一種以促進為重點，一種以預防為重點。我們是選擇能讓我們進步和成長的目標，還是希望獲得安全和穩定？這種選擇決定了我們如何自然而然地採取與變化相關的行為。行為研究者帕拉斯克瓦斯・佩特羅（Paraskevas Petrou）等人（2020年）的研究顯示，促進型與AQ有著非常密切的關係，而且能激發思考的創意。

愛倫‧克羅（Ellen Crowe）和愛德華‧托利‧海根斯（Edward Tory Higgins）（1997年）做了一項調查，詢問關人們喜歡做什麼以及絕對不喜歡做什麼，並將這些事情編入以下句子：「如果你做好了這件事，你就可以做你最喜歡的事情X」和「如果你做不好這件事，你就必須做你最討厭的事情Y」。然後他們給參與實驗者看以下的字詞：

witoz terim lafet gikop bokal kugir waqox digok pukib mazeb gucod palez bigut gohik kolum fidat bezeg qidus kolok zusan

他們看到每個單字的時間是兩秒鐘整，隨後是二十秒的中斷，接著又是一連串的單字，這次有四十個單字。

witoz rezeg qohul ziqat terim yareg lafet gikop bokal kugir waqox digok pukib mazeb kiriz gucod palez tuzil bigut gohik deraw kolum qohul popol fidat bezeg qidus kolok zusan guraq lituz rogil darig qerat zituf group fuzat valom hilip jajor

你也許注意到，這裡混雜了第一輪的單字和新的單字。詢問參與者的問題是：xy這個單字在第一輪中出現過嗎？只要一想到可能要被迫做很討厭的事情，這些人就會更加注意哪些單字不在其中，而對最喜歡的事情的期待，則使人們更加注意哪些單字之前出現過。因此，焦點對任何資訊的處理都會產生持久的影響，而預防焦點則會使人更具分析能力。

這背後的根本問題是：我們關注的是什麼？自1997年以來，心理學界一直在探討這個問題。如果我們決定「前進」，那麼我們就會選擇促進焦點，我們在其中會承擔風險，希望竭盡可能設定正確目標，然後設法接近。這種焦點具有驅動力，當我們如此行進時，困難無法誘惑我們放棄。恰恰相反，我們會踩緊油門，提高成效。當我們成功實現目標時，我們會體驗到積極向上的歡快，喜悅、快樂、滿足和幸福感油然而生，如果沒有成功，自然會產生悲傷、失望、憤怒或不滿等情緒。

這就引出了這枚焦點硬幣的另一面，上面寫著「不消極」的字眼，這可能讓人困惑。簡單地說，在促進焦點方面，我們願意承擔風險，而在預防焦點方面，我們則以安全為導向或採取保守態度。我們要防止目標無法實現，因此，最終結果不是喜悅，而是放鬆、平靜、輕快和安全的混合，或是緊張、焦慮、威脅和恐懼的混合。

「來吧，讓我們換個方式，跟我一起冒險吧！」聽到這句話，有的人會鬆一口氣，有的人則會忘了呼吸。這是好事，因為我們每個人都是不同的，因此在打破常規的思考方面，我們也會分為兩個陣營。

A和B看到許多可能出現的問題，儘管你向他們保證一切都會變好，但他們已經看出我們頭腦簡單的思維模式的缺點。而另一陣營的C與D擔憂比暖氣上的冰融化得還快，他們團結一致，孜孜不倦地保持樂觀，不因小事動搖，錯誤不太會影響到他們。

當然，事情也有可能出錯，這四個人都很聰明，幾乎具備相同的決心和動力，只是他們來自思維宇宙截然不同的角落。A與B是錯誤發現者和風險最小化者，C與D則富有創造力和創新精神，勇於冒險，這種冒險精神和積極思維讓他們較容易犯錯，他們較無法對事情做出周全考量，如果事情失敗了，他們通常也沒有備案，他們比賽的目的就是要贏。而我們在A與B那裡則看到了一堆未利用的機會，他們只想履行義務，安全行事，他們並不想贏，只是不想輸，他們最想要的是安全感。這兩支隊伍都熱愛自己的工作，都想取得好成績，他們只是從完全不同的角度來看待結果，一隊以預防為主，一隊以促進為主。

注重預防的人往往比較保守，不願冒險，我們通常認為他們工作更加徹底、精確、計畫縝密，這可能不利於成長、創意和創新。專注於促進的人通常更具備創新性和創造力，我們通常認為他們的工作充滿創意，以機會為導向，富有創造性，這可能不利於準確性、可預測性和穩定性。基本上，我們人人都具備這兩種能力，但就如同我們的雙手一樣有主次之分，雖然我們的慣用手在大多數情況下都一樣，但我們的關注點會因情況不同而變化。

我們不應低估這種專注力，因為它影響著我們腦海中的所有東西。促進型會研發飛機，預防型會研發降落傘，我們可以研發牙膏來預防蛀牙或創造燦爛潔白的笑容，保險單更側重預防，彩券的重點則是促進。總之，我們的焦點對我們如何處理

一個解決方案、一次對話或一項任務具有巨大的影響。

創業精神也是焦點問題

2008年冬天，當我走進一家製藥業巨頭公司時，驚見一塊三公尺高的巨石碑，它引人注目，宣揚著公司的價值觀，最上方的一句話是許多價值觀的集合：「我們以企業家的思維思考」。我想知道他們是如何向員工灌輸這種企業家思維的，當然，這不是你見到董事會時要問的問題，至少我沒這麼做。

相反地，在回程中我翻找了資料庫，找出了哥倫比亞大學商學院的管理學教授布洛克納（Brockner）的研究，他在這兩個焦點和企業思維之間建立了一座橋樑，他寫道：沒有唯一的方向，但促進和預防都是創業成功所必需的。在創業過程的某些方面（如產生有成功潛力的想法），必須更注重促進，有些方面（如在篩選想法時進行盡職調查）則必須更注重預防，此外，在創業過程中不可避免地會遇到無數的負面和正面回饋，而促進和預防這兩個重點的共同存在可以成為應對這些回饋的動力。因此，現在的問題是：哪個地方能幫上什麼忙？

1. 在發想和創作時，促進焦點有助於我們產生更多的備選方案。為了證明這一點，愛倫·克羅和托利·海根斯在他們的研究中（1997年）讓人們列出不同家具的特點。他們向參與者展示各種家具的名稱，例如「書桌」、「沙發」或「床」，並要求他們寫下盡可能多的家具特徵。在完成這兩樣任務之前，參

與者會受兩個焦點中的一個激發,指令則根據不同條件而變化:

    a. 促進焦點:「如果你能好好完成練習,你就可以做xy（參與者喜歡的任務）,而不是其他任務。」

    b. 預防焦點:「只要你在練習中表現不差,你就不必做xyz（不喜歡的任務）,而可以做其他任務。」

    結果顯示,與以預防為重點的參與者相比,以促進為重點的參與者開發了更多的備選方案,在排序任務中使用了更多的標準,並為特徵表羅列更多清楚的面向。創造力不僅包括開發多種備選方案,還包括發現隱藏的可能性和新的應用,在這方面,以促進為重點也占了上風。因此,對於創意的開發,我們需要促進焦點。

    2. 在可行性問題方面,以及在此基礎上對各種想法做出選擇,也就是所謂的現實檢測時,預防焦點則顯得尤為重要。原因在於在檢查想法時,必須保持謹慎準確,重點是避免失敗。注重預防的人在戰略上保持警覺,他們尋找錯誤和控管品質,在這裡踩煞車是值得的,這與預防為主的理念相輔相成,而以促進為重點的人,往往會在靠近終點線時加快速度,使誤差提高。因此,我們需要以預防為主來進行檢測。

    3. 一旦選擇了想法,就需要獲得必要的資源。為了說服他人投資,不論是時間、人力還是財力,都必須提供令人信服的論據。說服的力量取決於對促進的重視,但與此同時,我們也需要重視預防,因為對潛在投資者的介紹說明必須格外嚴謹,

必須展現我們是值得信賴的，我們的行為是稱職的，是出於善意的。這種無錯誤的態度是以預防為主的核心。

選擇哪種焦點甚至會影響說服力。約瑟夫・托利・海根斯和（2001年）觀察到，如果你的陳述風格和對方的控管重點相吻合，對方就會覺得你所倡導的計畫更有說服力，也更願意支持該計畫。因此，如果你想尋求支持，最好先做一下調查，瞭解大多數受訪者的關注點可能是什麼？研究顯示，支持與否直接取決於請求的風格（就所倡導的策略而言）與潛在支持者的控管焦點之間的匹配程度。

4. 在測試階段，這兩個焦點再度發揮作用。如果測試需要建立新的流程或團隊，促進焦點會有所幫助，在錯誤分析和細節方面，預防焦點則有助益。正如以色列心理學家尼拉・利柏曼（Nira Liberman）等人（1999年）所觀察到的，促進焦點的人更樂於接受變化，更願意嘗試新事物，預防焦點的人在面對困難時則更有毅力。因此問題始終是：什麼時候需要靈活應變，什麼時候需要堅持不懈？

現在我要與你分享一個奇特的現象：德國心理學家岩斯・福斯特（Jen Förster）和他的美國同事隆恩・弗里德曼（Ron Friedman）（2003年）觀察到，我們手臂的動作會影響我們當前所處的模式。當人們彎曲手臂時，這明顯意味著將愉快的東西拉向自己，與積極的享樂狀態有關，而伸展手臂（做為將不愉快的東西推開的動作的一部分）則與消極的享樂狀態有關。

因此，與手臂伸展（要求受試者將手臂伸直）相比，在手

臂彎曲（要求受試者將手臂彎曲並將手掌伸到桌子下面）時，受試者能更好地解決創意問題，在手臂彎曲的狀況下，受試者能找出更多類比，也更容易接受非典型的例子；簡言之，他們更具創意。

這些實驗清楚表明，創意是可以隨著狀態而改變的，如果你想提高一個人的創意，就應該讓他們專注於促進。如果你想讓一個人進行分析性思考，就應該讓他專注於預防。實驗還顯示，創造這些條件是何等不費吹灰之力。

9

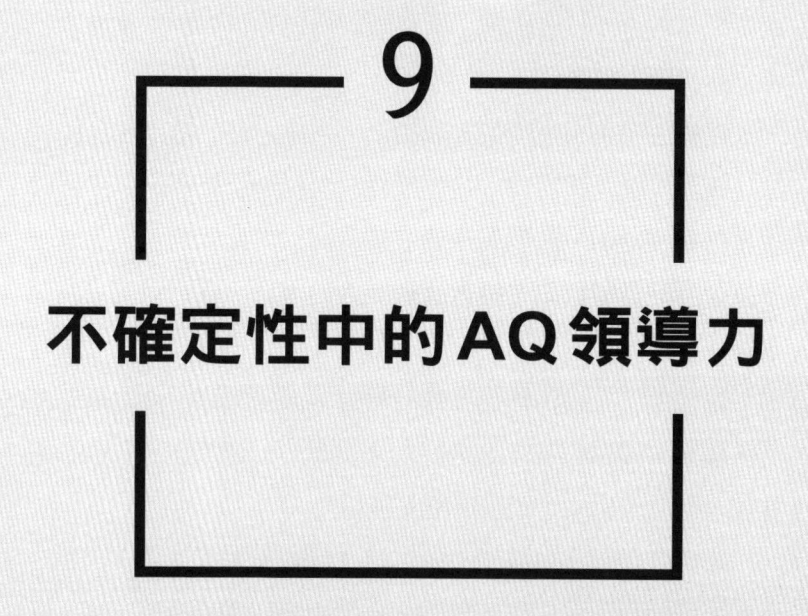

不確定性中的AQ領導力

祈雨舞成功最重要的關鍵是什麼?時機。

——美洲原住民的智慧

昨天是對的東西，今天就錯了；一種疫苗剛被譽為救星，下一秒就遭下架，然後又被批准。多麼矛盾的世界。矛盾產生不確定性，當你自問過去幾個月的生活是否一直走在正確的道路上，不確定性就會出現，當你想到自己和世界的未來時，不確定性又變得更強。

在過去和未來這兩個時間軸上，不確定性的產生都是由於缺乏資訊。就未來而言，我們很難改善這種資訊匱乏，畢竟時空旅行還沒發明，我們無法獲取那些可以幫助我們在現在減少不確定性的重要資訊，樂透就是明顯的例子，我們只能在開獎之後才能獲得關鍵資訊，而這時再買彩券當然為時已晚。還有很多這類例子：選擇伴侶、考前複習、天氣預報，你之所以感到不確定，因為它基本上是對未來資訊的一種賭注，我們必須在確定之前做出決定或是展現某種行為。

那麼該如何應對這種不確定性？我們不需要減少確定性，我們需要讓自己——以及他人——能夠應對這種不確定性，這正是高適應力（AQ）所帶來的能力。由於「應對不確定性」這一主題在職場中既影響我們自己，也影響他人，因此它對於自我領導和領導他人都很重要。

當我們急於做出正確或安全的判斷和決定時，總會出現漏洞。相關研究明確區分了究竟是什麼讓我們陷入困境，研究結果涵蓋自我不確定性、關係不確定性以及不確定性對我們財務決策的影響。不過，以下將著重說明AQ如何幫助我們在面對不確定性時，能有效地領導他人。

不確定的文化

不確定性是一種文化驅動力，荷蘭學者吉爾特·霍夫斯塔德（Geert Hofstede）在1980年代開始進行的研究中就發現了這件事。霍夫斯塔德描述它是一個國家的人們在模稜兩可的情境中感受到威脅的程度，並因此形成迴避這些威脅的信念和制度。我們當下有多強的不確定感，決定了我們會不會去避免某些事情，例如政治上的投票也取決於此。

無論你關注的是經濟、個人還是文化層面，都存在一種處理不確定性的特定方式。你甚至可以在速食廣告中發現這種現象，肯德基就是一個例子，它在俄羅斯和丹麥網站上的產品設計大相逕庭。猜猜看，影響這些設計的最關鍵性因素是什麼？1. 各國的口味偏好？2. 加盟商的廣告預算？3. 各自文化對不確定性的規避？還是4. 競爭對手的廣告風格？

答案是，設計在很大程度上受到文化對不確定性的規避的影響。對不確定性的規避是文化差異的六個面向之一，這個面向的核心問題是：文化如何處理未知情況？不確定性規避程度高的國家會回答：我們必須讓不確定的情況變得可預測、可控制，我們優先考量法律和秩序，因為未知是一種威脅，會造成不安，甚至恐懼。不確定性規避程度低的國家則截然不同，他們對未知的問題更不在意，例如對健康和金錢的擔憂就不會那麼明顯。

讓我們來看看這個問題：在霍夫斯塔德的模型中，一個國

家在「不確定容忍度」面向的最高得分可達120分。根據www.clearlyculture.com入口網站的調查數據，俄羅斯在避免不確定性方面的得分是95分（滿分120分）！因此，廣告上的內容一目了然，直接提供所有品質資訊，並採用標準化格式，選單位於頁面頂端，售價清楚具體，價格結構非常明確。這就創造了可預見性和確定性，並透過導航說明「如何安全抵達我們這裡」予以強化。

丹麥在避免不確定性方面的得分完全不同：23分（滿分120分）！這也反映在網頁設計的特點上：你擁有更大的靈活度，可以盡情發揮創意，將樂趣融入其中。這反映的信念是：花多少錢、在哪裡開店並不重要，只要看起來時尚又美味就行。丹麥人喜歡未知、不那麼清晰可預測的事物，他們樂在其中。因此，色彩鮮豔、字體醒目、似乎會動的食物也很合適。在俄羅斯，你可能會因為「骯髒的路易斯安納」（譯注：Dirty Louisiana是麥當勞的一款漢堡）而被送去勞改營。這玩意太髒了，為此你得搬三年半的石頭。

德國的情況如何？滿分120分，德國得分為65分。這意味著什麼？德國傾向迴避不確定性。這是康德、黑格爾和費希特的遺產，偏好演繹法而非歸納法，德國的座右銘：「給我一個系統性分析，給我一條法律，然後我們就做下去。」美國的情況就大為不同，對不確定性的迴避程度極低，美國的座右銘就像是：「給我一條法律，我就知道我可以違反什麼？」這就是約翰・韋恩、羅納德・麥當勞和橘髮男人的遺產。

在美國，瑪麗・巴拉（Mary Barra）在2014年4月1日體驗到在應對不確定性時缺乏適應力意味著什麼。當天這位通用汽車首席執行長必須在國會作證，聽證會的題目是：「通用汽車點火開關召回：為何耗時如此之久？」

發生了什麼事？首先，通用汽車某些車型的點火鎖彈簧軟弱無力，這意味著鑰匙插入點火鎖時，即使施加很小的力——用膝蓋戳一下或拉一下沉重的鑰匙串——都可能導致引擎熄火。共有八萬輛汽車受到影響，這是一次大規模召回。聽證會主持人在開場白中指出，早在十年前，通用汽車公司就已經收到了第一批關於這一故障的投訴，但根本沒有做出任何反應，他們選擇置之不理，這一決策導致至少13人喪生。這段開場白之後是長達四小時的審訊，在這四小時裡，我們清楚看到，造成這種局面的原因與其說是估算不足，不如說是決策者及其團隊完全缺乏應變能力。資訊缺乏和政治行動造成了不確定的狀態，而非積極地去解決其實很容易處理的問題。問題是，如何在不確定的時候發揮領導能力以加強AQ，使上下都能在沒有壓力也無人員傷亡的情況下解決問題呢？

容忍多義性，降低不確定性

　　我們正在創造一個每個人都必須在心理上不斷重新適應的世界，如果我們選擇了迅速的方式工作，今天的結果到了明天就可能被扔進垃圾桶。這種不確定性影響到生活的各個層面，不完美、不完整或未知的資訊無處不在，它會影響工作效率，使決策變得更加困難，這就形成了一個惡性循環，因為面對不確定性，我們必須做出決策才能取得進展。

　　在不確定的情況下想做決策，我們必須對「多義性」有一定程度的容忍。一言以蔽之，要在不確定性中保持行動能力，就必須捨棄非黑即白的思維方式，放下對秩序的渴望，並養成接受混亂的興趣。

　　當然，事情看似不可預測時難免感到沮喪，但重點是即使在這種情況下也保持有效率地工作，在不可測的情況下精準解決問題，也不因不明確的工作任務而感到不安。在當今世界，公司和主管愈來愈希望我們即使在資源不足（缺乏時間、資金、員工等）的情況下也能找到解決問題的方法，控制住煩躁

情緒,勇敢地行動而不是抱怨。

這需要一種全新的創造力,需要對多義性的容忍。而我們擁有這種容忍力的前提是,我們能夠中立、坦然地看待不確定性、自相矛盾或模稜兩可的資訊。擺脫不確定性陷阱的方法不是實現確定性,因為這在現今已不再可能,出路在於與多義性共存共事。

不確定性和多義性不同,「不確定性」是指缺乏知識或對自己憂心忡忡、缺乏信心,而「多義性」則是指認為一個問題有一種以上的詮釋,且你可以想像且運用它們。史丹佛大學哈索普拉特設計學院在2019年將多義性容忍度命名為「超級能力」(Super-Ability),並在部落格中指出它是發現和解決問題的核心。這正是AQ的優勢所在,AQ愈高,我們愈能處理結構不清晰、新穎和複雜的刺激或情況。

讓多義性再次偉大

讓我們倒過來說:不善於容忍多義性的人有什麼特點?這裡可以列舉以下特徵:

——需要分類
——需要確定性
——無法接受同一個人身上同時存在好與壞的特質
——接收非黑即白的人生觀態度

——喜歡熟悉的事物,而非不熟悉的事物

——拒絕不尋常或另類的事物

——盡早選擇或保留解決方案

——傾向提早得出結果

這是一份令人印象深刻的清單,在過去60年,隨著多義性研究的開展,這份清單也逐漸增長。一開始,這份清單只有一隻狗和一隻貓,由多義容忍力教母艾莎·法蘭澤爾——布朗斯維克（Else Frenzel-Brunswik）研發,人們最多會看到13張貓逐漸變成狗的圖片,他們被告知:「這幾張圖片可能是狗,也可能是貓,請告訴我你看到的每張圖片比較像貓還是狗,時間不限,也沒有正確答案。結果:在之後出現的模稜兩可的圖片中,人們愈是堅持那是他們最初看到的那種動物,他們對多義性的容忍度就愈低。

隨後的研究表明,對多義性容忍度低的人,更容易做出快速和過於自我的判斷,且往往忽視現實。他們拒絕接受模糊的情況,因為缺乏資訊導致他們難以評估風險並做出正確決定,讓他們感到具威脅性,引發的結果就是壓力、逃避行為、拖延、壓抑或否認。反之,對多義性容忍度高的人,會對經驗開放,渴望刺激,並傾向冒險行為。

羅馬尼亞社會科學家碧翠絲·巴爾吉烏（Beatrice Balgiu）（2014年）的一項研究很快地揭示了其中的原因。她觀察到創意和應對不確定性的能力息息相關,多義性容忍度描述了我們

能夠多好地地應對結構不清晰、新穎而複雜的刺激或情況。巴爾吉烏將問卷和一項創意任務結合，並讓創意專家評估，測試結果顯示，參與者表達想法的速度和思維的敏捷程度，都與他們對多義性的容忍度有關。

我們可以推測，我們面對不確定性時採取行動的能力也會增強或削弱我們的創造潛力。但是，能夠駕馭未知事物的重要性並不僅限於創意，我們能夠容忍的不確定性愈多，我們就愈能將模糊的情況視為挑戰或有趣，我們會更恰當、更實際地解釋這些情況，而不會扭曲問題的複雜性。

這種能力在大腦中甚至有固定的位置，內側前額皮層的活躍性與多義性水準和迴避多義性的程度相關，它還與個人的教育水準有關。研究表明，對多義性容忍度較低的年輕人上大學的的可能性明顯較低，反之，擁有大學學位的的人對多義性的容忍度明顯較高。

尋找高 AQ 的人才

從公司的角度來看,有兩個問題是最重要的:我們如何找到高 AQ 的人才?如何提高團隊的 AQ?對於第一個問題,公司既可以透過前面介紹的自我評估來解決,也可以在個人面試中考察應徵者的適應能力。例如,美國人力資源公司 Insperity 的吉爾‧查普曼(Jill Chapman)提出了以下面試內容:

1. 請應聘者說明他與工作風格完全不同的同事合作的情況。
2. 詢問他對於投入大量時間和精力的專案突然生變時的反應。
3. 請這位潛在員工告訴你他是如何處理超出其常規工作領域的任務。
4. 了解他是如何處理工具更新的情況,例如更換新軟體。
5. 詢問申請人在開始新工作時,認為最大的挑戰是什麼?

在聆聽對方的回答時,你應該注意什麼?除了篩選掉過於

消極的回答，你也應該從適應能力的角度來考慮你聽到的故事，因為這涉及到它們的核心要素——你在前面的章節已經了解到這些要素：心理靈活性、情緒管理、自主能力拓展、重新學習、遺忘以及積極主動。

當然，如果你坐在面試桌的另一端，自己就是應徵者，你也可以利用這些內容為自己做準備，積極主動地應對這些問題。

在不確定性中領導的 5 種技巧

2001年，聯合利華收購了 Ben & Jerry's，一場不尋常的聯姻。不尋常之處在於，作為一家全球企業，聯合利華決定保留這家高檔冰淇淋製造商的形象，包括其社會責任和左派主義——捐贈總收入的7.5%。聯合利華將這項任務交給了伊夫·庫埃特（Yves Couette），他被選為這次不尋常的新收購的執行長。

出生於法國的庫埃特已在聯合利華任職多年，但這種文化融合對他來說是全新的領域。他是怎麼做的呢？他調整了自己的管理風格，以適應新的形勢。有些束西看起來很表面，比如他隨意的穿搭風格。但這並不膚淺，而是一種象徵，這表示他在文化上是靈活的，而其他行動也接踵而至：他積極參與社會活動，不怕弄髒自己的手，有多少執行長會全心投入挖土的工作？除了這些明顯可見的行動之外，庫埃特也向人們展現：他並不想讓這家冰淇淋製造商的價值觀和願景配合聯合利華，而是更願意將企業實踐與現有的價值框架結合起來，公司的捐款

每年仍保持在一百萬美元以上。

真正的適應性並不是同化，也不是向任何一方靠攏，領導力中真正的適應力是將對立的觀點結合，庫埃特就是這樣把慈善事業和財務回報結合起來的（當然，這也是聯合利華的要求）。庫埃特為何能取得成功？這是因為多年來，他在集團內部鍛鍊並增強了自己的適應力。在下文中，你將了解到如何進一步提高自己的適應力，以便在面臨變化、不確定性和挑戰時能夠領導員工。

1. 心理靈活性：改變對不確定性的看法

我們如何看待某種情況，決定了我們對它的反應。大多數人可能會把模糊性或多義性視為危險或威脅，然而，這種觀點對他們沒有幫助，只會讓他們更相信自己不擅長或想避免改變。

你可以幫助人們改變思考方式，首先要改變敘述方式，重新定義多義性。你可以使用「心理靈活性」這個適應技巧，開始接受不確定性，將其視為一種機會。

標定起點

會議進行到一半時，有人突然問道：「諾頓先生，您對此有什麼看法？」我口乾舌燥，腦袋變得一片空白，所有人都把頭轉向我，顯然是在期待我的精采回答。然後，我嘴裡吐出一

句幸好之前說過的話：「我還不知道。」

聽起來像準備不足、不知所云？畢竟，諮商師有答案是自我形象的一部分，也是客戶的期待，在這種時候說自己沒有答案，似乎會令人深感不安。但是，這句話也代表了你正在尋找答案，如果你能在後續解決問題的過程中親力親為，你將變得更值得信任。坦白說，沒有人掌知道所有的答案，即使是專家也不例外，因此明確制定出發點非常重要，它能使我們在面對不確定性時更加積極主動。我們將不確定性視為一個起點，而不是一個結果。

從「應該」到「可以」

許多管理者用「如果我是一名優秀的管理者，我就應該知道對我的團隊說什麼」這樣的句子來封閉自己的頭腦，以「應該」作為對自己的要求。但「應該」意味著只有一條路可走，這可能導致創意的停滯，似乎你只能找到唯一一個閃亮的解決方案。

在不確定性中，沒有唯一正確的答案，將「應該」改成「可以」的步驟是新創意的跳板，它將思維的靈活性提升到更高的層次，讓你能用假設語氣來表達與之前完全不同的想法。從「應該」到「可以」是一條通往多樣性的道路，擺脫了單一正確答案的束縛，進而提供各式各樣的選擇。

慢下來，透過改變情境重新思考解決方案

接下來，重要的是對手邊的選項進行更深入的認識。這一步很重要，因為它可以避免我們經常遇到的問題：我們急於找到快速解決方案的衝動。改變情境意味著我們能夠在不同的情境中理解選項，這能自動阻止我們急於找到解決方案，你可以借助第六章第二小節中提到的「心理距離」。

以上這三個步驟：標定起點、「可以」和改變情境，為不確定性設定了一個全新框架。透過將不確定性從一種封閉思維的狀態轉變為起點，為解決方案開闢了廣闊的前景。

2. 現實的樂觀主義：控制與放手

在不確定的工作環境中處於被動，代表你無力面對上司和同事，你最終會覺得自己完全被情況所左右。因此，堅定自信是應對不確定性的關鍵，面對瞬息萬變的外部環境，它能幫助你獲得一種內在的控制感、能力感和自我效能感。

應對不確定性時，一個非常有用的工具是所謂的「控制點」，它概括了我們的控制信念：我們如何看待一個情況是否掌控在自己手中、或是我們完全無能為力？保持行動能力，認識到其界限並在這些界限內盡力而為，是許多促進心理健康策略的核心。我們的影響力總是有限的，我們無法控制他人的反應或他人對我們的想法，我們不總能控制我們在打瞌睡那一刻

腦中閃過的念頭。然而，正是在這些時刻，保持對自己想法的控制力，透過放下這些控制來保持控制，是關鍵所在。我們稱之為「放手悖論」，「放手」與放棄無關，僅僅意味著「放下控制無法控制的事物的徒勞嘗試」。

聚焦

想一想，哪些具體情況會讓你覺得自己沒有控制權？

清晰

分清楚：面對這種情況，你是無能為力還是束手無策？當我們感到無能為力時，我們覺得自己不管做什麼都不會有所改變，這往往與「我別無選擇」的感覺同時出現。

我們可以用一句話來把部分控制權交還給自己：「我不喜歡我的選項，選項是有，但我不喜歡。」如果你現在想做，你完全可以採取行動，但你是因為不喜歡這些選擇而什麼都不做，這就不是無能為力的問題了，而是關乎你有多在乎，以致於願意選擇一個你不喜歡、但能讓你擺脫無力感的選項。

另一方面，無計可施的感覺，則是我們覺得自己想不出改變現狀的方法。我們常常因為第一次遇到某種困境情況而缺乏解決辦法，這時我們往往會想：「我不知道該怎麼辦！」我們可以用一句話來描述這種感覺，把部分控制權交還給自己：「其他人已經處理過這種情況了，我去問問我認識的人。」如此，問題就不那麼無解了，它變成一個通訊錄的問題，誰能幫

你找到解決辦法？誰知道有誰遇過類似情況？這些關於「聚焦」與「清晰」的初步思考有助於釐清不可控因素，接下來的步驟則將幫助你應對它。

目標

針對在「聚焦」描述的狀況，設定你的最大和最小目標。我們的眼前往往只有一個目標，這極大地限制了我們的行動選擇，不要把目標看成一個點，而是一個刻度：你想達到的最低目標是什麼？你能達到的最高目標是什麼？

控制圈

畫一個圓圈，在圓圈內寫下在這種情況下，你可以控制哪些方面來幫助你實現最低或最高目標，然後把注意力集中到圓圈外的空間，寫下你無法完全控制的事情，也就是你影響不了的事情。

確定有效性

圓圈顯示的是你可以控制的範圍，在這裡，你關注的不是問題，而是務實的解決方案，重點是寫下在這種情況下可以控制和影響的事情。有些人感受到很多事情無法控制，但自己能夠掌握的事情很少，有些人可能覺察到自己能夠控制的範圍要大得多。

放下並向前看

看看那些你無法控制的事情，對自己說：「反正你也改變不了，專注於你能控制的事吧。」然後去做你能控制的事，計畫你能做的事。

這樣的圓形圖在任何層面都很有用，無論是對於充滿新想法的自由工作者，一個想打造給予力量而非消耗力量環境的員工，或是在不確定時期尋找決策重點的領導者。

3. 積極主動：創造行動空間而不是反應空間

根據莫娜‧門斯曼和麥克‧弗雷斯（2017年）的研究，透過改變工作條件和工作環境也會強化主動行為。他們認為，基於21世紀的工作性質，公司從穩定的結構轉變為以變化為導向的組織，主動性變得愈發重要，因為公司正從穩定的結構轉變為面向變革的組織，這種變革也隨之對員工提出了新的要求。他們得出的結論是，那些不僅僅是對顯而易見的事情做出反應的人，才能推動自身或組織必要的變化；同時，組織也需要賦予員工和主管更多的責任，本質上，這就是要產生面對未來的行動。

記住：行動是針對目標的行為，每項行動都需要設定目標。其次是尋找實現目標所需要的資訊。最後，行動需要一個

計畫,亦即根據可用資訊,為實現目標而採取的一系列的行動,計畫就像行動綱領,制定了如何實現目標的架構。主動行為是一種特殊的行為,它專注於特定的目標,這些目標始終旨在面對未來的事件和體驗。在企業中,這些目標自然以職場環境為重點,作為管理者,要加強員工和團隊成員的主動性,可以利用以下機會:反思、自由、參與和能見度。

反思

一份經過驗證的調查問卷可以了解員工積極主動的程度有多高,但這是給研究人員的,管理者未必需要。有時更日常的問題更能引起反思,例如探討員工或團隊成員通常在改善流程方面提出哪些想法,以及他們的建議會帶來哪些變化。此外,深入了解當他們的想法遭遇阻力時,人們的反應如何,也是非常值得的。

自由

自由空間是主動性之肺的氧氣,因此,積極提供並且明確溝通這一點是主動性的推動因素之一。這也意味著信任的預支,不過很快就會有分紅,畢竟這關係到實現目標的自由度,而這正是提高創造力和投入的關鍵所在,其中重要的一點是如何對待成功和失敗。

還記得我們說過的現實樂觀主義嗎?當員工和團隊成員提出具多義性價值的想法,你可以做出截然不同的反應,你可以

當場壓制這些想法（和這些人），但你也可以提出問題，探索各種可能性，你可以否決那些你認為行不通的想法，也可以允許人們去嘗試。

在某些公司中有強烈的指責文化，人人都想保護自己，並推責給他人。反之，有些管理者不光是口頭上說要從錯誤中學習，實際上也身體力行，甚至在不帶任何汙名的公開討論的基礎上獎勵員工所付出的努力。指責文化當然會打擊積極主動的努力，而學習文化則會鼓勵它們。

參與

人們參與決策過程，本身就是提高主動性的基石，研究人員將此稱為「宜家效應」，因為家具組裝與決策或計畫的「組裝」的效果類似。自己的可見貢獻是一種動力，有效的主動性變革要求您既獨立行動，又在公司最佳利益內行事。主動出擊不僅能提高自己的工作效率，還能惠及他人，可謂多多益善。

即使是積極主動的人，如果他們的行為獲得獎勵，就會成長茁壯，如果受到懲罰，也會枯萎凋零，如果員工的努力始終受挫，他們最終可能會離開公司。為了保持員工積極工作的動力，公司可以將這種行為納入獎金制度。在與一家製造業領頭企業的交流中，我們發現，除了獎金、晉升或特別獎之外，還可以多加使用社交獎勵，像是個人難以自行組織的共享體驗、貴賓活動、精緻的音樂會或烹飪體驗。

能見度

這聽起來微不足道，但只有在傳達積極主動性的重要性時，人們才會意識到這一點。將反思、自由和參與這三個方面融入與員工和團隊的交流中，並要求員工或團隊對這些方面的發展進行評估，這具有明顯的強化效果，這種循環會產生承諾。此外，領導者必須以言行一致，在更廣泛的策略範圍內保障員工一定的自由度，並不懲罰出於好意的主動努力，即使它們沒有成功。他們自己將成為主動的榜樣，引領他人前行。

結論：共同制定目標，確定實現目標的指導方針，但不需過多地規定如何做什麼。藉由關注與討論，你可以鼓勵部屬討論並實踐自己的想法和實驗意願，大多數組織都需要更多人積極主動地進行變革、有不同的作為、存活下來並為未來做好準備。

積極主動的人能夠抓住並創造積極變革的機會。積極主動意味著定義新的問題，尋找新的解方，並在不確定的未來中發揮積極的領導作用。積極主動的最終表現可能是雄心壯志、突破性思維和將不可能變為可能的能力。它顛覆過去、塑造未來，它能創造新的產業、改變競爭規則或改變世界。

4. 自信：下個小賭注

不確定性本質上是多重賭注，事情可能發生，也可能不發

生，促使它們發生的因素如此之多，以至於我們可能會說「這純粹是隨機事件」。在許多情況下，事實上確實如此，不同的發展因素「巧合」在一起，形成我們必須處理的結果。「賭注」乍聽之下有點不正經，但我們的目的是快速、嚴格地檢驗理論、評估結果，然後繼續發展、轉變或放棄它們。並非每個想法都是絕妙並值得充分追求的，因此你可以這樣使用「賭注」：決定下注目標、評估成功機率並建立學習循環。

決定下注目標

要下注前，首先要制定方案、策略目標和產品開發標準。你可以使用第六章（彈性思維：嘗試多軌思考）的「如果不是這樣，那會是怎樣？」方法，來做出決定

評估成功機率

為每個新方案設定一個整個團隊一致同意的百分比：這個方案成功的可能性有多大？除了遊戲化的效果之外，這一步驟還能創造出非常重要的東西：對制定的方案進行深入研究。它能解除團隊進行批判性思考時絞盡腦汁的乏味，這種確定機率的直覺過程，類似於「投注賠率」的過程，激發了影響決策的直覺知識。評估結果的準確度與最終獎勵不必有關聯，這不是這裡的重點，重點是研究可能的解決方案。

建立學習循環

清晰度來自於行動，在這種情況下是透過嘗試或實驗來實

現，如果你負責公司的產品設計，那麼學習循環可以幫助你篩選好想法、淘汰壞想法，並促進那些出色的創意。行銷也是如此。有時候你開發的活動完全失敗，但最重要的是從中汲取經驗，並將新獲得的知識融入未來的方案中。如果你在團隊中允許這樣做，公司就會從純粹的展示文化轉變為充滿活力的討論文化，由此產生的對話將後續決策產生正面影響。

建立心理距離的能力在這種交流中尤為有效，因為這種距離可以化解衝突，從遠處看問題可以消除情緒波動。改變感知範圍也有幫助（見第六章），因為它能促進團隊成員引入全新、豐富的方向。

透過這種技巧，你將可以根據多種不同的「實現目標途徑」來校正偏見，減少「團體思維」，也就是團隊很容易一致同意某一視角或解決方案的現象。

5. 情緒管理：擁抱不可避免的情況

面對不確定性時，最困擾我們的，其實是當下所產生的情緒，無論管理者或員工都是。我們無法預料什麼時候會有人請病假，什麼時候上司會把你叫去，你實際上只能做好不可預料的事會發生的心理準備，而這種感覺並不好受。

好消息是，不確定性並不必然會導致窒息感，心理學為管理者與公司團隊提供名為「消極視野」的技術，這個名稱聽起來不怎麼吸引人，但卻非常實用。它的作用是讓人們在不確定

的狀況下保持情緒穩定，讓人們理性地評估環境，而非被動地做出倉促決定，因為最後你往往會發現，你所設想的「最糟情況」並沒有成為現實。

「消極視野」的基本原理是：提前問自己可能出什麼問題，例如在出發旅行、推出產品或參加求職面試之前。大多數人都有活躍（狂野）的想像力，因此這對我們來說輕而易舉，假如你覺得想像壞事發生很困難，你可以觀察在其他人身上發生的壞事，並想像發生在自己身上，即使這些事情不太可能發生（例如網路癱瘓）。

面對這一連串的悲劇，你首先應該保持冷靜，參閱第六項原則中的 SBB 技巧（見第七章），然後問自己：在這種糟糕的情況下你能做的最好的事情是什麼？專注於你能做的事情。

接下來是思考相應的解決方案，思考如何為這些情況做準備，並付諸行動，有些情況甚至只要做好心理準備就夠了，每當不確定性打亂你的情緒時，你隨時都都可以使用這種技術。

10

讓改變更快生發
——以AQ打造新習慣

動力讓你開始。習慣讓你堅持下去。

——吉姆・萊恩（Jim Ryun）

如果我是一個導航應用程式,我會用這句話來描述AQ:「請掉頭!」這句話表示在面對錯誤或困難時,我們需要重新調整方向,找到正確的道路。而我的另一句最喜歡的提示語「你已到達目的地!」則用來強調AQ中的一項核心能力:成功培養新習慣。習慣就像我們適應能力的基礎代碼,幫助我們迅速有效地行動並將新行為自動化。

改變習慣是可能的,它說難不難,說簡單也不簡單。在飲食、運動、處理金錢、安排休閒活動、拖延、伴侶關係或職業規畫等方面,我們都希望改變現狀,養成不同的習慣。沒錯,我們想,但就是辦不到。尼爾・羅斯(Neal J. Roese)和艾美・莎莫維爾(Amy Summerville)在2005年的「懊悔研究」中的排行前三名,都是錯過了打破習慣的機會,包含:1. 沒有利用培訓機會:「如果我能改變工作習慣就好了!」2. 職業生涯:「如果我能擺脫舒適圈就好了!」3. 伴侶關係:「如果我改變與伴侶相處的習慣就好了!」人們最後悔的事,就是沒有刻意擺脫自己生活中的常軌。

每年年初,許多人都許願養成新習慣,然而,22%的人只堅持了一星期就放棄,40%的人只堅持了一個月。本書的這一章旨在為那些這些失望的人們提供希望,我們將在接下來的小節中介紹快速獲益的方法:建立新習慣的技巧。這些技巧將以兩種方式進行,首先,我們會澄清一些關於新習慣的迷思和誤解,然後,您將了解經過證實的、可持續的方法,來幫助我們

改變行為和做事方式。過程中我們會檢視購物、飲食和辦公習慣,並著重探討哪些技術有助於擺脫不良習慣,哪些有助於養成新的良好習慣。首先值得一提的是習慣與日常行為之間的區別,這一區別對於我們如何改變或調整行為至關重要。

關於習慣的迷思、誤解與怪事

認知學家大衛・湯森（David Townsend）和語言學家托馬斯・貝佛（Thomas Bever）（2001年）曾說：「我們特定時候所做的，就是我們大多數時候所做的。」他們分析的日記研究顯示，我們在日常行為、思想和情感中有多麼依賴重複：我們每天重複45%的思想和行為，甚至連地點都一樣。

不過注意：並非所有的重複都是一樣的：我們有習慣，我們有例行公事，我們有儀式。我們不應將它們混為一談。

例行公事與習慣的區別

例行公事是我們經常執行的一連串動作，我們需要有意識地努力執行它們：例如每週一去健身房。（你注意到了嗎？健身房在週一總是莫名特別擁擠？）儀式是一種有額外意義的例行公事，它是一連串的動作，能帶來額外的意識，例如在特別的日子裡唱一首特別的歌，你不會在夏天去渡假的路上唱聖誕

歌曲。

儀式和例行公事是可以被我們的意識所接受的,我們可以執行,也可以不執行,畢竟,唱聖誕歌並不是需要搗住嘴巴才能避免的反射動作。而習慣的情況則完全不同,這是進化所決定的,習慣是一種學習方式,目的是節省腦力。我們的大腦總是希望優化資源並節省能量,所以只要有可能,它就會使用這種方法,這就是「終於無腦」的原則,每當我們缺乏能量、疲憊或缺乏足夠動力去思考時,這個原則就會派上用場。

養成習慣會讓大腦在很多事情上變得輕鬆,可以處理其他事情,用認知心理學家喬納森・伊凡斯(Jonathan Evans)和基斯・史坦諾維奇(Keith Stanovich)的話說,我們的大腦有一套名符其實的雙向道路系統,一個用於有意識的思考,一個用於愉快的不思考。這兩條道路在腦中受歡迎的程度並不一樣,因為我們大多數反應都是基於習慣,直到意識介入並探索行動的替代方案。大多數情況下,神經醫學家伯納德・巴倫(Bernard Balleine)和約翰・奧多爾蒂(John O'Doherty)會說:習慣優先!

而當情況變得壓力山大時,這句話就更加適用了。波鴻認知神經科學研究所的拉斯・施瓦貝(Lars Schwabe)和奧利佛・沃爾夫(Oliver Wolf)在2013年的報告指出,急性或慢性壓力都會讓人們養成更多的習慣。在最有趣的實驗中,研究人員讓實驗者把手浸入冰水中,同時讓一個陌生人看著他們錄影,這種生理和心理的雙重壓力下,人們在面對更艱鉅的決策

任務時,會比那些手沒有浸在冰水中的人更依賴先前養成的習慣。究其原因,壓力會阻礙人們有意識地控制行為,使思維受阻,將注意力移轉到習慣上可以防止我們完全失去行動能力。

正是由於思想不再配合,才使得習慣難以輕易改變。這聽起來有點學術,但這種區別有助於我們改變,如果我們需要有目標性地養成一個新習慣,那麼先養成一個例行公事是非常有幫助的。然後,透過以下的內容,我們可以將例行公事變成一個習慣。

習慣是如何產生的

我們的習慣越強,我們就越確信自己行為的原因,並且越容易相信我們的習慣行為是由我們真正的目標引導的。但事實上恰恰相反,在預測我們的習慣行為時,我們的意圖和目標是很糟的參考。習慣研究者敏蒂‧吉(Mindy Ji)和溫蒂‧伍德(2007年)指出,一旦我們的習慣牢固定形,就算我們可以隨心所欲地制定計劃,習慣終究會占上風,只有在沒有強烈習慣的情況下,我們的意圖才會影響我們的行動。研究還指出,這對於速食消費、觀看電視甚至大眾交通方面都成立。這可能是好事,也可能是壞事,端視習慣養成的方向。

我的女兒在七歲之前都很愛吃肉,但後來她在一瞬間決定不再吃肉了。發生了什麼事?她在露天遊樂場的小吃攤上看到一隻乳豬,這隻乳豬被漂亮地擺放,油花閃亮,嘴裡還叼著一

顆番茄,在烤肉叉上不停地旋轉著。這令她那顆熱愛動物的童心難以承受,她忽然明白了:為了我的臘腸,得死掉這樣一隻豬。於是,她刻意、有目標地改變了自己的飲食習慣。五年後的今天,她依然是一個堅定的素食者,關鍵點是,如今她不再主動思考動物為香腸和肉而死亡的事實,而是理所當然地選擇了素食。當然,雞翅的香味也吸引她,但正如研究者所言,選擇無肉替代品的習慣獲勝了。

如果我們的某些行為讓我們感到滿意,我們也更可能去重複這些行為,心理學家愛德華・李・桑戴克(Edward Lee Thorndike)在1898年用「效果法則」來描述習慣的養成。舉個正面的例子:假設你在家工作了幾個月,有一天你因為道路暢通,意外地提前到了公司,你喜歡這種順暢的前進感,你會繼續提前上班嗎?有可能。快速通行當然比塞車好。

1938年,行為學家弗德利克・史金納(Frederic Skinner)進一步發展了這個理論,說明了我們是如何養成我們每天表現出的一系列習得行為的,整個過程非常簡單:得到強化的行動將會增強,未來更有可能再次出現。如果你在視訊會議中講一個有趣的故事,大家都笑了,未來你再次講這個故事的機會就更大,或者你會更傾向於講有趣而非嚴肅的故事。相反地,對行為施加懲罰或不良後果的行動將會減弱,未來發生的可能性也會降低,例如你在另一次視訊會議中再次講同一個故事,但這次沒有人笑,那麼未來你再次講這個故事的可能性就會減少。因此,我們行為的後果在形成習慣的學習過程中扮演了重

要角色。

更有趣的是史金納的強化習慣方式,它遵循以下模式:刺激—反應—結果。史金納發明了操作性條件反射箱,裡頭有一個可以容納老鼠或鴿子等小動物的空間,還有一個桿子或按鍵,動物按下即可獲得獎勵。為了追蹤動物的反應,史金納研發了一種叫做累計記錄器的設備,這個設備將反應記錄為線條的上升運動,可以通過線條的斜率來讀取反應率。

史金納由此發現,強化行為的時機和頻率對學習的速度和強度起著重要作用,換句話說,強化的時機和頻率會影響新行為的學習和舊行為的改變,其中兩種強化方式對我們的習慣養成至關重要:配額和間隔。

配額

只有在發生了一定數量的反應之後,反應才會被強化,激勵機制和傳送帶就是利用這種機制來產生重複性的行為,如果我們不知道什麼時候會達到配額,我們就會愈來愈頻繁地表現出這種行為,因為我們相信出現反應的時刻很快就會再次到來。吃角子老虎機就是這麼做的,某些上司也是,他們會隨機給予表揚,然後又不表揚,因為這就像中樂透一樣。這有助於常規的形成,而非習慣的養成。

間隔

獎勵僅在一段特定的時間過後給予,而不是每次行為都立

即獎勵,在這種計畫下,反應率通常保持穩定,並在接近下一次預期獎勵的時間點時開始增加。不過,一旦獎勵給予後,反應率會立即減緩,如果無法準確預測獎勵時間的結束,這會導致動物(如鴿子)和人類幾乎習慣性地重複執行之前受到獎勵的行為。例如,鴿子會持續啄食,而人類可能會不斷查看手機,期待新的訊息,這種不確定的獎勵時間間隔有助於形成和鞏固習慣。

習慣養成的四個步驟

1960年代,電腦進入了行為心理學研究領域,帶來了天翻地覆的變化,研究人員開始從研究行為轉向研究大腦中可能導致我們行為的因素。現在,我們可以透過人如何在大腦中處理資訊以及在過程中為自己設定的目標來解釋習慣(喬治・米勒等人〔George Miller〕,1960年)。

數十年的習慣研究產生的模型,大多已在實驗室中獲得證實。下一步就是如何運用於日常之中。著名的習慣研究者之一菲莉芭・拉利讓人們寫日常生活的日記,以便用科學方式追蹤習慣的生成和消失,然後,她將這些數據與史金納、米勒等人蒐集的知識相結合。想了解養成習慣的步驟,她的研究結果值得參考,她和同事班傑明・嘉德納(Benjamin Gardner)提出了習慣養成的四個階段。

第一階段：首先我們必須決定做某件事。因此，一開始就要目標明確。

第二階段：我們必須從意圖轉為行動。這就要求我們制定計畫並做自我調整。

第三階段：我們必須堅持下去。因為只有重複行動，才能使行動成為習慣，而這又需要我們的動力和更多的自我調整。養成習慣是一個艱辛的機制，這既適用於正面的習慣，如運動、健康飲食和看新聞，也適用於不太正面的習慣，如吸菸、查看手機訊息或吃薯片，每個習慣都遵循這些行為改變的一般原理。

第四階段：這一階段與第三階段密切相關，這裡重點是習慣的形成：新行為必須以促進自動化的方式重複進行。在2010年的研究中，拉莉發現，經常在一致的情境下進行所需動作的人，其習慣性自動化的程度會提高。

這些研究不僅幫助我們理解習慣形成的過程，也強調了意圖和習慣之間的關係。我們經常想用意志力來養成習慣，但這很難，因為當習慣愈強，我們的意圖就愈不重要。研究也發現，如果一個人有強烈固守的習慣，那麼有意識的意圖與行為幾乎無法產生影響，甚至連心情也不會產生作用。如果我們的習慣和行動有強烈的誘因，那麼即使我們只是想在短短七天內做一些異於平常的事，也是徒勞無功。

作為這項研究混合的熟悉案例是購物習慣，在我們的日常生活中，購買和消費通常遵循一個重複的模式，我們在熟悉的

地方購買和消費,因此形成了消費者的習慣。一旦這些習慣形成,即使沒有我們的意識決定,環境刺激也可以觸發這些已經訓練好的反應。無論消費者制定了什麼樣的意圖,他們在購買速食、觀看新聞節目,甚至選擇乘坐公車時,都不會遵從這些意圖,而是遵循他們的習慣,即使他們明確地設定了不同的目標,但只有在習慣不夠強烈時,意圖才可能佔上風。

習慣養成的速度

建立一個新習慣需要多長時間?大多數與習慣研究有關的人都會說:21天,可惜這完全是胡說八道。迄今為止,真正實地的日常實驗只有一個在2010年的實驗,研究者菲莉芭・拉利、柯妮尼亞・H・M・亞斯菲德(Cornelia H. M. van Jaarsveld)、亨利・W・W・波茲(Henry W. W. Potts)和珍・瓦德爾(Jane Wardle)嘗試讓人們養成每天進行一次自選的、有益健康的活動的習慣,例如早餐後去散步。結果得出一個非常明確、經科學認證的數字:66。一個新習慣平均需要66天才能成為習慣。

這聽起來還能接受,但是如果你仔細觀察,就會發現這個時間範圍的彈性超級大。有些人在18天後習慣就成形了,有些人則需要高達254天。仔細研究還能發現另一件事:改變實際上不是一條直線,它是一條曲線,最初極為陡峭地上升,但隨後又明顯趨於平緩。你想養成的新習慣的範圍和複雜程度對其

變化過程有重大影響,也就是說,愈複雜,需時愈久。

接下來的問題是:如果曲線停止上升,如果我們又回到之前的行為,會發生什麼事?在威廉‧詹姆斯(William James)看來,這無異於一場災難。他堅信,不間斷地執行是必要條件,哪怕是錯失一次機會,也會將我們打回原點。

克里斯多夫‧阿恩米塔奇(Christopher Armitage)在2005年花了12週時間研究人們如何堅持健身運動,以便將它變成一種新習慣。就像健身房的架上總能找到蛋白棒一樣,參與者們也同樣未能堅持他們的新行動模式。這裡所謂的「未能堅持」是指整整一週都沒有去健身,顯然這可能對進展造成挫折,尤其是在習慣形成的前五週內發生時。

然而,阿恩米塔奇也指出,如果我們偶爾在一週中的某一天未能實行新的行動,這並不會對成功產生太大影響。事實上,即使在接受科學監督的近70%受測者中,也發生了這樣的情況,這讓我們安心了一些。菲莉芭‧拉利等人(2010年)觀察到,錯過一次機會對習慣養成的影響微乎其微,因此,短暫的失誤顯然無妨,真正的失敗才會扼殺成功。

資訊、金錢、意志──這些對養成習慣沒那麼有用

如果小疏忽不礙事,而我們也有遠大的目標,似乎沒有什麼能阻撓我們養成新習慣。然而,我們經常做一件阻礙自己的

事：提供資訊！光講是沒用的，至少光說不練絕對沒用。一個很好的例子是「每天五份水果蔬菜，促進健康」，大量關於水果和蔬菜的巧妙廣告和宣傳，利弊清晰，視覺效果極佳。結果如何？根據行為學研究者葛蘿莉亞·史泰伯斯（Gloria Stables）等人（2002年）的報告，參與試驗者確實感覺得到充分的資訊，不過並沒有改變自己的飲食行為。

那麼錢呢？金錢是否會讓人更容易執行和堅持新的行動？健康心理學家艾列妮·曼扎里（Eleni Manzari）等人在2015年發表了一項綜合分析，結果令人警覺：激勵措施有效，但持續時間有限。它們對長期變化的影響為零，激勵措施一旦停止——多數實驗都是在三個月之後——新的行為模式也隨之結束。

在這種情況下，我們經常自責缺乏意志力，但這並非決定性因素，僅僅全力以赴想要做某件事與真正實現它毫無關連，因此，無法改變習慣並不是失敗的標誌，也不是代表你內心深處寧可保持現狀。相反地，失敗的關鍵在於反覆出現的環境刺激，美國心理學家馬克·布頓（Mark Bouton）等人（2011年）發表的證據顯示，舊的習慣記憶不一定會被新的習慣所取代，當舊的習慣記憶被以前的例行公事或其他情境刺激時，就會故態復萌。

要讓一項行動或行為成為習慣，必須從多方面下手：目標、重複、獎勵、誘因和無阻礙。但要養成新習慣，沒有放諸四海皆準的模式，並非每種方式都適用於所有人，下面精選了

一些行之有效的方法,每個人都可以從中選擇最適合自己的方法,取決於你和你的需求,它們都有效,但並非在任何情況下都有效。因此,測試並找到自己的組合非常重要。

建立新習慣的基石

1. 認識自己

在變革過程中,意志力遠遠不夠,但在變革之前,意志力卻非常有用,這似乎是一個有趣的矛盾。原因不在於遏止習慣本身,而是必須認識導致這些不良反應的真正誘因出在哪裡,這可以有效幫助我們改變習慣。有些方法例如寫日記,可以幫助你意識到引發習慣的誘因,瞭解誘因的重要性遠遠超過你的想像。

溫蒂‧伍德、梅麗莎‧格列羅‧維特(Melissa Guerrero Witt)和蕾歐娜‧潭(Leona Tam)(2005年)指出,只有當執行情境的某些方面不變時,轉學到新大學的學生們的運動、閱讀報紙和看電視的習慣才能保持不變(例如參與者繼續與他人一起閱讀報紙)。這種變化如果被有意識地注意到,就提供了針對性控制的機會。失去日常觸發因素會促使學生們反思他們

的行為模式,並更強烈地按照當下的意圖行事,而不再像「自動駕駛」那樣運作。了解某些自動行為發生的原因,在關鍵時刻更能控制自己,從而停止不想要的習慣。

我們對自己習慣的了解是改變習慣的決定性因素,然而對某些人來說,書寫自己的日記聽起來不怎麼有趣,我們喜歡觀察別人,喜歡詳細描述別人,卻不喜歡觀察自己。認知行為療法的創始人艾倫・貝克(Aaron Beck)早就提出這一觀點。可惜這種自我測量在我們看來就像是不酷的偵探工作。

不過,你其實不需要記錄所有的生活,它主要是讓我們更加關注自己的習慣,進而找出它的誘因。這聽起來很複雜,但實際上很容易,光是我們記下一週的飲食,就意味著我們會比不做任何紀錄的對照組攝入較少的卡路里。

自我觀察包括記錄某些行為(或結果),這長期以來一直是行為導向減重計畫的核心。自我觀察有助於發現持續存在的不良行為,進而有利於行動化和執行策略,減少當前行為模式與理想行為模式之間的差異。班傑明・嘉德納、格爾特－楊・德布朗(Gert-Jan de Bruijn)和菲莉芭對改變體能訓練和飲食行為的干預措施進行的綜合分析顯示,有自我監測的干預政策比沒有監測的干預政策來得有效多了。所以當你想改變某個習慣,第一步是:觀察並寫下誘因。

2. 確認目標

　　有意識的目標和習慣的養成息息相關，然而習慣愈強，目標和計畫在特定時刻所起的作用就愈小。我們每天都會重複許多習慣，人格心理學家溫蒂‧伍德（2002年）指出，我們每天大約有43％的行為是相同的，而且是在相同的環境中進行，「誘因反應鏈」是一個非刻意的重複結果。

　　當人們追求自己的目標時，習慣會產生，遺憾的是，當我們根本沒有追求任何目標時，習慣也會產生。伊莉莎白‧特里科米（Elisabeth Tricomi）等人（2009年）在實驗中向人們展示了一些圖片，在看某些圖片時，參與者可以得到食物作為獎勵，甚至可以愛吃多少就吃多少，而拉斯‧史瓦伯（Lars Schwabe）和奧利佛‧沃爾夫（Oliver Wolf）（2010年）卻發現：過了一段時間之後，當進食量最大的那些參與者接受另一系列的實驗時，只要熟悉的畫面一出現，他們就會立刻拿起食物。

　　我們遵循自己的習慣，即使我們本來完全沒有這種打算，這是一種自相矛盾，馬克‧韋弗（Mark Weaver）（1981年）稱之為神經性悖論。當我們的學習行為在短時間內會產生正面的結果，但長遠來看卻會帶來更多負面結果，就會產生這種矛盾。雪上加霜的是，我們無法成功地延緩這種實際上對我們有害的衝動，我們對這些例子再熟悉不過，光想想吸菸就知道了。

習慣有如黑武士（譯註：電影《星際大戰》中的反派角色），它們深入我們的心理過程，編織出豐富的語意網，各種觸發因子都可能引發習慣性動作。這些觸發因子包括環境的觸發因子、過去的行為，甚至是實際存在或想像出來的他人。當然，我們也可以刻意讓自己接觸這些觸發因子，比如當我們坐在電腦前時，就會啟動對工作的思考。

　　好習慣是任何人成功應對新事物的工具箱中不可或缺的工具，它們幫助我們實現目標，但它不會有意識地提醒我們如何實現目標，無論這些目標是他人設定的還是自我選擇的。而確定目標則可以為選擇有效的習慣提供框架。

　　舉例來說，你想讀更多書，就說你的目標是在年底前讀40本書好了。這樣的目標有時間，有相關性、可測量性和現實性。你就一直牢記著這個目標，這也許會佔據你部分寶貴的注意力，但你可能就會養成一種習慣，比如你會決定隨身帶著一本書，這樣一來，你就不必總是想著目標，而只需要想著帶一本書。

　　好的目標提供方向，而有效的習慣則提供了達成這些目標的精神紀律，兩者缺一不可。安德・邁爾（André Meyer）等人（2019年）觀察了52名軟體開發人員，他們的目的是了解開發人員在工作時改善或保持良好習慣的目標和策略。他們發現：有目標性的、持續性的自我反思，不僅能提高開發人員對生產性和非生產性的工作習慣的認識（84.5％），還能帶來積極的自我改進，提高開發人員的生產力和幸福感（79.6％）。

當然，如果沒有明確的發展目標，這種自我反思就不可能實現。

目標的作用是聚焦，它指明了我們想要達到的理想最終狀態，這就釐清了目標和習慣的不同，以及為什麼兩者都是成功的關鍵因素。目標提供動力，習慣支持意志，它們共同幫助我們跨越盧比孔河，抵達目的地。這個名字是從歷史上借來的，凱撒做到了，他跨越了盧比孔河，在西元前49年，凱撒沒有按照元老院的決定解散軍隊，而是帶著他的武裝部隊渡過了這條河，羅馬元老院將這次渡河視為宣戰，凱撒明白這一點：一旦渡河，就無法回頭了。赫克豪森（Heckhausen）和格爾維茲（Gollwitzer）（1987年）提出的盧比孔模式就是以這一刻命名的。

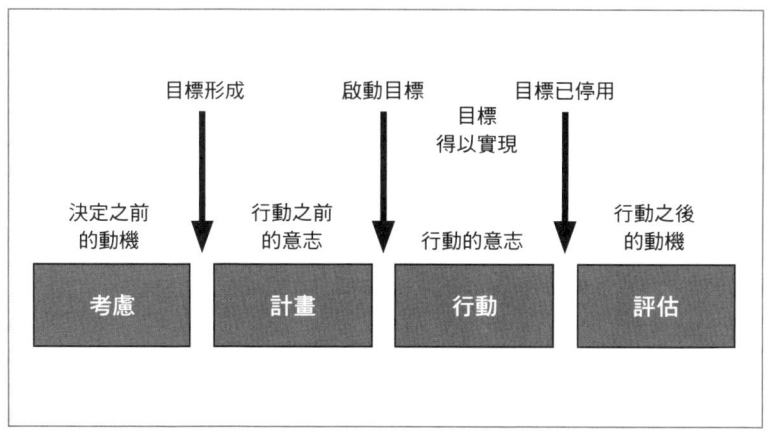

	目標形成 ↓	啟動目標 ↓	目標得以實現 ↓	目標已停用 ↓
	決定之前的動機	行動之前的意志	行動的意志	行動之後的動機
	考慮	**計畫**	**行動**	**評估**

資料來源：根據赫克豪森（Heckhausen）和格爾維茲（Gollwitzer）之原圖（1987年）修改。

（河流）的一邊是動機，是選擇目標和實現目標所需的行動，另一邊是執行和堅持這些行動，直到我們達成目標。因此，河流將動機（目標選擇）和意志（目標實現）區分開來。就習慣而言，這意味著目標是起點，而習慣則大幅促進了目標的實現，動機過程涉及我們的期望和可能的激勵，而我們需要意志過程來克服達成目標的阻力。

一旦選擇目標並定義了習慣，我們就可以開始行動了。習慣的優勢在於目標可以「被遺忘」，因為習慣的誘因能確保我們執行預期行動。如前所述，習慣的養成需要一點時間，重要的是，雖然我們可以透過激勵重複動作和選擇誘發因子來控制習慣，但我們無法像改變目標那樣迅速地改變習慣。你可以隨心所欲地定義或取消目標，而習慣卻相當穩定，這就是它的特別之處。

如果目標改變了，我們就必須開啟自我調整功能，研究人員將這稱為「實施意圖」。行為學者羅伯・荷蘭（Rob Holland）、漢克・阿茨（Henk Aarts）和達恩・朗恩達姆（Daan Langendam）（2006年）做了以下實驗，他們走進一家公司，根據個人垃圾桶中的紙張數量和塑膠杯，觀察109名參與者的回收行為。結果顯示，無論是在為期兩週的研究期間還是在操作兩個月之後，回收量都增加了。對所有參與者而言，回收意願的養成，減低了扔進普通垃圾桶的垃圾數量，垃圾處理的習慣顯然被打破了。

3. 自動化你的行為

並非有了堅強的意志就能改變一切，自我控制是一個有趣的概念。我們相信自制力能決定我們是否能成功改變自己的行為，如果你有很好的自制力，對誘惑有絕佳抵制力，那麼你就是一個能做出決定並堅持到底的人，如果你的自我控制差，你就做不到這一點。大多數人都是這麼想。

因此，當我們的新年願望落空時，當我們無法實現目標時，我們往往會想：「我的自制力一定有問題，我的意志不夠強大。」然而，調查研究顯示，在這方面得高分的人，其實知道如何養成習慣，他們已經將經驗自動化，因此不必依賴自制力，他們甚至不做決定，這是他們的自動反應。

大衛·尼爾（David Neal）、溫蒂·伍德和艾米·德羅萊特（Aimee Drolet）（2013年）的研究參與者進行了為期十週的實驗：受試者是加州大學的學生，至少都有兩個目標，與自己的表現、運動或健康有關。目標確定之後，下一步就是思考哪些行動有利於實現目標，哪些行為模式則不利，這些目標包括「進行真正的書報閱讀」或「去健身房」，根據統計，幾乎所有的參與者都認為「看電視」和「躺在床上」不利於實現目標。

隨後實驗就進入了正題，研究者想知道我們的習慣對實現目標的幫助有多大，他們引進了一個他們稱之為無趣的「資源枯竭操作」，它不僅無趣，還很耗神。

參與者必須連續兩天使用非慣用手完成幾乎所有的動作，慣用右手者必須盡可能地使用左手，反之亦然，除非是可能會讓他們受傷或無法做到的活動，例如在會議中做筆記。第三天，他們回到實驗室。你現在可能會問，為什麼要進行這種「非慣用手任務」？你自己曾經試過嗎？用「另一隻」手做事？沒錯，像這樣的任務意味著我們必須抑制使用正常手，也就是慣用手的衝動。事實證明，這種持續的專注會對我們的自制力造成持久的壓力，它會讓我們付出代價。意志力是有限的資源，而由於我們在研究中已非常清楚這一點，我的同事們在實驗中還大膽預測，透過測試對象遵循其強烈習慣的頻率，可以直接測量出精神損耗。

結果正是如此。上述的自我耗竭導致強烈習慣被更頻繁地執行，但有一點令人訝異：無論是負面還是正面的強烈習慣，在精神疲憊的人身上出現的頻率都較高。另一種情況也很明顯：無論精神是否疲憊，參與者在促進目標的行為上幾乎同樣成功。簡言之，即使精神不濟，我們也能從良好習慣中受益，雖然壞習慣會困擾我們，但我們的好習慣也讓我們更接近自己的目標。

對實現目標起決定性作用的，不是我們是無腦者還是深思者的問題，而是我們是否清楚知道每天可以輕鬆執行哪種行為模式，進而更接近目標。這個結果別具價值，因為實驗絕大部分都是實地進行，參與者都是在日常生活中進行實驗，因此它與實際生活相關，而非純粹的實驗室研究。

事實上,社會心理學家巴斯・維爾普蘭肯(Bas Verplanken)的研究顯示,強烈的習慣會讓我們較少考慮其他選擇。當習慣騎單車者考慮交通工具時,他們比沒有特定交通工具偏好者更不考慮替代方案,熱衷於開車的人也一樣,結果就是逐漸減少選擇其他交通工具的機會。習慣會自我強化,會在我們的思路中套上一層過濾氣泡,因此想要擺脫不良習慣,我們就必須戳破過濾氣泡。

這絕非易事。我們做某件事的次數愈多,氣泡就愈厚。湯瑪斯・韋伯(Thomas Webb)和帕斯卡・希蘭(Paschal Sheeran)(2006年)對47項研究成果進行了綜合分析。結果顯示,透過說服和其他干預措施改變行為或行動模式,效果只會偶然出現,例如報名參加研討會的改變成功,在汽車裡使用安全帶的改變則失敗。

如果我從現在起養成不做某件事的習慣,又會怎麼樣呢?的確有人做過這樣的研究。傑弗瑞・昆(Jeffrey Quinn)等人(2010年)描述了人們使用「警覺監控」並思考「不要做」某事時會發生什麼事,但結果是,這種控制策略只能加強認知控制,並不能改變習慣的強度。這樣做就像在跑步時不停想著:「不要跌倒,現在我要抬起左腳,然後是右腳,再抬起左腳,右腳多使力一點,前面有一個轉彎,我要把身體向左傾斜大約十二度,同時不斷移動雙腿。」這根本無濟於事,要想改變某些事情,舊的誘發因子必須與新的、可替換的和預期的動作相結合,你不能把誘發因子和不行動連結起來。

因此，你最好把「不要去想XXX」這句話拋諸腦後。就連康德在解雇僕人時也不得不意識到這一點，他給自己寫了一張紙條：「現在必須徹底忘掉蘭佩這個名字。」但直到他雇用了一名新僕人，他才辦到這件事。

長久以來，人們認為自我控制就是壓制某些東西，是我們自己的一部分試圖阻止另一部分做某事，然而現實情況卻正好相反：養成良好習慣的人更有自制力。我們的成功或失敗幾乎不取決於我們的意志力和自制力，更有幫助的是習慣。舉例來說，當學生問自己怎樣才能在學習時不再受手機干擾時，一個常見卻錯誤的建議是：你必須抑制這種衝動。更好、更有持續效果的建議是把手機調成靜音，然後把它放在廚房的櫃子裡。

原因看似微不足道，但卻至關重要：沒有的東西就不會觸發任何事情。這甚至適用於飲食：我們把薯片塞進自己肚子裡，並不是因為缺乏知識或意志力，而是因為它觸手可得。在實驗中，如果人們將薯片放在他們拿不到的地方，他們就會吃得更健康，把垃圾食物放在冰箱中較深處並把健康食物放在眼前的人，也會自動吃得比較健康。

4. 定義誘發因子

要求一位拖延症患者參與一項專案總是令人頭痛。在溝通中會出現：「抱歉，我今天要到十點十分才能開始進行這項專案，」「嗯嗯，呃，那今天可能就沒辦法了，對吧？」「對不

起，我是很想，但不知怎麼的，總是有事耽擱了！」「那明天呢？」「抱歉，明天也不行！」萬事起頭難，比起「想要開始」，一個更有效的方法是找出行為模式的誘發因子，因為如果這些誘發因子被更換，那麼新行為就幾乎篤定會發生，無論一個人想要何時「開始」。

誘發因子是什麼？這就是我們學習的方式。誘發因子與行為或行動是連結在一起的，想想巴夫洛夫（Pawlow）和他的狗實驗吧！搖鈴聲（誘發因子）之後是流口水（行為），這是習慣養成的和新機制之一，既包括我們想要改變的舊習慣，也包括我們想要培養的新習慣。

我們必須從兩個方面分析誘發因子：首先，我們需要找到之前行為的誘發因子，進而改變或避開它們。接著，我們必須為新行為定義新的誘發因子。例如反覆觸發某種習慣的地點、物品或情境。就我而言，過去的情況是這樣的：「在一頓美好的晚餐和一杯美酒之後，我很想來根菸」或「當我洗完澡之後，我總是需要先來杯咖啡」或「嘉年華會和科隆啤酒就是絕配」。習慣儲存在我們的程序記憶裡，不受我們有意識的目標和意圖所阻礙，只需等待合適的環境刺激即可正常運行。我們的生活充滿了「巴夫洛夫時刻」。

我們可以改變環境和環境中的物品，或者改變我們對這些事物的反應。我們可以安排我們的生活，讓我們不再坐在沙發上。從本質上看，這項技術正是要利用這一點，確保我們在一開始就創造出許多重複的機會，也就是說，我們要一直創造出

相同的誘發因子、相同的環境。

林佩英（音譯：Pei-Ying Lin）、溫蒂·伍德和約翰·蒙特羅索（John Monterosso）（2016年）向我們展示了該怎麼做。在人們如何避免不良飲食習慣的兩項研究中，參與者接受了在選擇食物時養成健康或不健康習慣的訓練。在第一項研究中，訓練以一種不尋常的方式進行，亦即透過「代替」，讓參與者反覆拉動操控桿去靠近吃巧克力的圖片（表示代替性食用）或反覆推開這些圖片（表示代替性拒絕，也就是健康習慣）。

為了確保參與者在決定是追求健康目標還是吃下更多巧克力時陷入自我控制的兩難，我們選擇在研究期間不節食、非常注重健康、喜歡巧克力但也清楚知道巧克力不健康的參與者，分析中還排除了一名宣稱自己每週吃下極多巧克力的參與者。

然後是實驗，參與者被隨機分為第一組（吃巧克力）或第二組（不吃巧克力），接著他們獲得一項特別的任務，目的是把這兩種行為中的一種變成習慣。第一組的模擬任務是不斷地吃巧克力以形成習慣，第二組的模擬任務則與第一組完全相反。

這是個奇特的模擬任務，他們對所有參與者反覆展示三張巧克力的圖片和三張演奏弦樂器的圖片，每張圖片隨機播放20次，總共進行了60次習慣訓練的試驗。巧克力組的成員被要求在圖片顯示需要臉部肌肉動作（如吃巧克力）時將操控桿拉近自己，而在圖片中不需要臉部肌肉動作（如演奏弦樂器）時將操控桿推離自己。另一組的成員則專注於健康的習慣或避免吃

巧克力,他們的做法正好相反,當他們看到吃巧克力的圖片時,會把操控桿推離自己。

首先,我們必須確定人們是否不只對圖片做出「代替性」反應,而且還要確定他們對吃巧克力的隱含評價是否發生了變化。對此,我們使用克里格邁爾(Krieglmeyer)和多意茲(Deutsch)所設計的所謂的「小人任務」。在該任務中,螢幕上的小人趨近或迴避「吃巧克力」這個短語的反應時間被用做對吃巧克力的正面或負面的隱含評價。

在這一階段之後,一半的參與者完成了一項旨在耗盡意志控制力的任務,最後,研究人員測量了人們吃了多少桌上的巧克力。

現在重點來了,主角是巧克力。在一項據稱完全獨立的行銷研究中,參與者被要求在十分鐘之內品嘗三盤三種無糖巧克力,每一盤中有五個同類型的巧克力。但為什麼是無糖巧克力?過去的研究發現,糖確實會影響決策和克制力。參與者必須根據甜度、奶香味、味道和氣味對每種巧克力進行評分,當然,在受試者離開實驗室之後,還要對他們吃掉的巧克力數量進行統計。且因為男生吃的巧克力明顯會比女生多,因此,所有關於巧克力消耗量的分析都是根據參與者的性別來區分的。然而更重要的是,在使用操控桿進行代替訓練之後,有不健康飲食習慣的一組人在筋疲力竭時比不累時吃下了更多巧克力。相比之下,疲憊對健康習慣組的巧克力攝取量沒有明顯影響。這表示,我們不僅可以針對性地訓練不健康的吃巧克力習慣,

還可以針對性地強化健康的習慣。

但在實際生活中，每個街角都有誘惑等著我們，日常生活中習慣性的食物選擇是由多種因素激發的，包括進食地點、一天中的時間、先前的行為和食物本身的特色。此外，我們還應觀察這些線索對習慣性反應的激發是否會對行為產生額外的影響，如此就會如同研究中那樣，不僅會減少選擇不健康食品，還會多選擇健康食品。

第二項研究再度改變了操控桿任務。參與者之間操控桿的方向是隨機的，因此有些人透過反覆拉動操控桿來獲得食物，而另一些人則透過推動操控桿來獲得食物。

在習慣訓練過程中，受試者反覆根據一張圖片提示選擇迷你紅蘿蔔，並根據另一圖片提示選擇薯片。由於這些線索表示可能會出現某種特定的食物，因此這些線索在這裡起到了習慣刺激的作用。在隨後的任務中，受試者選擇其中一種食物，紅蘿蔔總是和M&M巧克力搭配在一起，以製造一種自我控制的困境，因為之前的科學研究已證實，受試者非常喜歡M&M巧克力，但同時也希望健康，並認為胡蘿蔔非常健康，而M&M巧克力非常不健康。薯片則與爆米花配對，這當然就沒有兩難選擇的問題，因為這兩種食物反正都不特別健康。參與者在先前習得的習慣性圖片提示或新圖片面前選擇食物配對。結果：第二項研究提供了直接證據，證明最初的訓練試驗建立了選擇食物的習慣。研究人員將參與者的決策速度作為自動化程度的指標，這是基於習慣性決定比非習慣性決定更快的假設，尤其

當參與者受到相對應的圖片指示刺激時，他們會更快做出習慣性選擇。結果清楚顯示，在食物配對中，情境指示激發了習慣性選擇。

這表示，習慣培養直接影響了生活方式的選擇，透過情境和零食選擇之間的連結已經成為一種自動行為，神經心理學家大衛・尼爾（David Neal）將這種連結稱為「直接線索」。

這種連結的強度非常大，在他與溫蒂・伍德的共同研究中，他完全可以預測人們的行為模式。例如，他們可以證明，即使是一個日常生活的地點也能觸發人們的習慣，因此，首先問問自己：我不想要的習慣的誘發因子是什麼？

經濟學家尚恩・拉科姆（Shaun Larcom）、斐迪南・勞奇（Ferdinand Rauch）和提姆・威廉斯（Tim Willems）（2017年）以倫敦地鐵進行實驗。每天有兩百萬人搭乘倫敦地鐵，每人至少兩次，一週五次，對許多人來說，乘坐地鐵上班和回家已經成了一種習慣。奇怪的是，許多人上班都會繞道而行，這可能是因為他們前往上一份工作的路是這麼走，於是他們保留了這條路線，也可能是他們被倫敦地鐵的路線圖所引誘，走上了一條看似錯誤卻是最佳的路線（另見沃克〔Walker〕等人〔2015年〕）。

然後，2014年2月發生了一場大規模罷工，持續48小時，270個車站中有171個關閉。由於這樣的罷工都會發布公告，因此這個三人研究小組做了一些工作，測量有多少車票在入口處被刷走，以及這些車票的行程。他們將這些數據與罷工前的

資訊做了比較,並查看了罷工之後的數據,結果發現,罷工結束之後,5%的乘客突然選擇了不同的路線前往目的地,而這些新路線顯然更快速、更直接、更準時。

這說明,當環境發生重大變化時,例如罷工、搬家、新工作、生小孩,改變行為總是最有效的。一個吸引人的解決辦法是完全避開觸發環境,因為它會產生重大影響,這也使得學習新方案變得容易許多。試想一下,如果人們在上班途中選擇了一條新的路線,而這條路線完全沒有垃圾食品店,那麼他們對此的消費量就會減少。這也意味著,只要環境發生明顯的變化,如搬家、換工作等,就可以利用這個機會擺脫舊習慣,這些都是自然產生的改變機會。

關閉無意識環境刺激或利用其他刺激,是行為改變研究的一個重點。真正有效的干預措施必須一方面防止自動觸發,另一方面加強新的、所需的行為模式的重複動作,達到習慣化的程度。

有時僅是一點點改變也能帶來效果,消費暨營養學家布萊恩・萬辛克(Brian Wansink) 和柯林・沛恩(Collin Payne)(2012年)邀請人們到一間中式吃到飽餐廳用餐,他們觀察發現,BMI指數較低的人即使面對如此的消費誘惑,也能保持定力,不會屈服於低成本的貪食。他們特意選擇了筷子進食,並用甜點盤盛放主菜。這些盤子能裝的食物少多了,而由於我們的食慾也是由眼睛決定的,這些小盤子被認為是「滿的」,從而產生與吃「滿盤食物」相同的飽足感,不慣用的筷子則進一

步限制了食物的攝取量。研究人員還對這些人背對著自助餐檯坐感到驚訝——如果沒有看到自助餐檯（誘因），去那裡的衝動（行為）就會消失。

你還可以進一步打造這種干預措施，放置提醒裝置可以產生有效的誘發因子。例如有研究顯示，在電梯或自動手扶梯前的行走提示會鼓勵人們走樓梯。羅伯特・托比亞斯（Robert Tobias）（2009年）的研究顯示，雖然隨著時間推移，提醒的作用會愈來愈弱，但人們仍然會這麼做，這可能是因為習慣已成形。幸運的是，這種有意識改變環境的決定可以產生很大的影響，例如把水果蔬菜放在廚房料理台上的顯眼位置，而這又會帶來一連串的心理變化：健康飲食可減重，然後產生新的身分認同，如「我是一個健康飲食者」。

5. 確定事件

互動研究者卡塔茲娜・史塔瓦茲（Katarzyna Stawarz）等人（2015年）進行了為期四週的研究，觀察了115種習慣養成的應用程式。他們發現，雖然這些應用程式督促人們重複所需的動作，但它們卻阻礙了習慣的養成。究其原因，雖然這些應用程式有助於自我追蹤，但它們卻忽略了一個關鍵因素：它們無法與一天中的特定事件產生連結，而只能和時間點產生連結。然而，作為習慣誘發因子的「事件」，要比「簡單地」提醒信號更具有持續性。

誘發因子最好是一個事件,而不是一個時間點。為什麼?因為若非如此,我們就必須時刻注意時間,以找到合適的時機。事件則不需如此,我們會注意到它何時發生,這樣的誘發因子更清晰,也更容易識別。

馬克・麥克丹尼爾(Mark McDaniel)和吉勒・愛因斯坦(Gilles Einstein)在1993年的研究顯示,我們在連續行為中更容易執行想要的行動,最有效的誘發因子是我們不可錯過的事件。當我在一次演講中解釋這一點時,一位聽眾點頭如搗蒜,令我不禁擔心起他的頸椎。當我站在簽書桌旁和聽眾交流時,他走到我面前,頸椎仍完好無損。他說:「我太了解這個問題了。我以前一到深夜就想吃零食,後來我決定改變。我聽說晚餐後刷牙就可以避免無意識地吃下巧克力堅果棒之類的東西,一開始我有點懷疑,畢竟,對於『戒零食』這樣的大事,這也太簡單了。不過我還是嘗試了,我不在睡覺前,而是在晚餐後刷牙。出乎我意料的是,這個方法很有效,每當我想吃零食的時候,我就會想:喔,不行不行,我刷過牙了,我不想再刷了。這招一直很管用。」

此外,心理學家謝娜・歐貝爾(Sheina Orbell)和巴斯・維爾普蘭肯(2010年)在實驗中觀察人們刷牙的情況。然後,他們想到將使用牙線的「新」行為模式與刷牙連結起來,而不是與時間點連結起來。透過這種方式,他們成功地將新習慣與現有的日常行為連結起來。研究一再顯示:一天中的某些常規動作或事件完全可以成為新習慣的誘發因子,日常生活中的這

些指引燈塔，顯然會讓我們更容易自動執行新的行動。

前述的演講聽眾選擇在晚餐結束時刷牙，在習慣科學中，我們稱之為「任務界線」。畢竟，「晚餐」任務已經完成，這個界線是一個明顯的提示，提示愈明顯，我們執行新計畫行動的機率就愈高，也就愈有可能成為一種習慣。

儘管現有的應用程式中，只有少數著眼於在特定環境中重複某一個動作，但情境感知技術即將問世，這些應用程式和技術將提醒用戶在特定環境中進行行為，也許是由這些環境中的感應器觸發（例如：進入廚房會觸發喝水的提醒）。透過這種方式，行為改變應用程式可以將某些環境線索與所需的反應連結起來，進而促進習慣的養成。

6. 適當地獎勵自己

獎勵的歷史是一部充滿誤解的歷史，至少在習慣方面是如此。當然，習慣總是需要獎勵，獎勵對於習慣的養成確實很重要，但有些類型的獎勵比其他獎勵更有效，例如間歇性的獎勵：想想看室內遊樂場中的遊戲機，我們看到這些明亮的燈光閃爍著，我們時不時就差點贏錢了，我們堅持下去，因為我們有時會真的贏到錢。這讓我們一次又一次地往遊戲機裡投錢，因為我們的大腦會對這類獎勵呈現「多巴胺反應」。

如果我們每次採取新行動都能獲得這些外部獎勵，那麼它們很有可能會阻礙習慣的養成過程。是的，你沒看錯。這其實

已經是老生常談了,早在1930年代,愛德華・托爾曼(Edward Tolman)就在他的《人與動物的目的性行為》(1932年)一書中指出,行為或行動與獎勵之間的這種習得性連結,會導致我們只為了獎勵而行動,外部獎勵會減少行為本身帶來的良好感覺,此外,無論是父母還是雇主,都不可能每次都給予獎勵。這樣資源很快就會耗盡。

值得注意的是,也有一些習慣在沒有提供外部獎勵(如金錢)之下還是形成了,這可能是因為參與者選擇了他們有內在動機的行動,因此他們的表現獲得隱性獎勵。研究一再顯示,我們的思維會影響我們對獎勵的看法,但產生習慣的是獎勵本身,不是思考方式。因此,外在獎勵可能不僅無益於習慣的養成,甚至明顯是不必要的。這聽起來頗有道理,但在此我們卻發現了一個悖論:為了養成習慣,我們需要獎勵我們的行為,而內在的獎勵,或者說內置行為本身的獎勵,才是最好的獎勵。但是,如果我認為某項活動是有回報的,我不就已經在進行這種行為了嗎?你如何開始在你實際上並不喜歡但卻願意去做的行為中識別和感受獎勵呢?

在一項為期四個月的研究中,健康心理學家嘉碧・裘達等人(Gaby Judah)(2013年)觀察了人們如何成功養成一種習慣,以及他們認為什麼最有回報價值。他們設計兩種不同的干預措施,一種以服用維生素C為主,另一種則是使用牙線。第一種干預在研究開始時進行,第二種干預在四週後進行。因此,參與者會收到維生素C錠和一頁介紹服用維生素C的益處

的資料說明,幾天之後甚至還有一個小測驗,參與者需要回答三個和新的維生素知識相關的問題,每天服用維生素C的時間由參與者自行決定,但會做紀錄。四週之後,牙線作為干預措施的情況也類似。這裡同樣也有一張益處說明,研究人員甚至用了長達40分鐘的時間來討論益處說明,所有其他的變化量都與維生素C的測試設定一致。

成功的參與者的感想如何?他們說,他們這樣做是因為出於對健康的內在需求和／或因為他們喜歡這麼做。這一點很重要,因為這表示傳單所傳達的益處或他們感受到的益處都不會對他們的行動產生任何影響,影響他們行動的只有內心的滿足感和行動的樂趣。

結論:愉悅感和內在動機可以促進習慣強度的提升,進而協助習慣的養成,因此,感知到的獎勵可以強化習慣,超越了獎勵對重複動作的影響。當習慣養成的干預措施與我們的動機一致時,就會取得最大的成功,因為這樣我們就會透過新習慣來獎勵自己。動機產生滿足感。

我從2019年開始在法蘭克福經濟管理大學(FOM)教授心理學。從那時起,我就嘗試激發數百名學生對經濟心理學的興趣,我取得了不同程度的成功,但發展卻很奇特。在學期開始時,我使用一個有點任性的方法,想縮小「我真的想在這裡學點東西」和「貓影片更有趣」之間的整體差距。為此,我在黑板上畫了一個巨大的量表,上面有前述的興趣點。我背對著學生,沿著刻度線移動,我請他們在我到達刻度上反映他們的

「興趣水平」的點時鼓掌。是的，某些學生會為「貓影片」鼓掌，這沒問題，我反正有一個學期能給他們驚喜。當我在法蘭克福大學最大的講堂對八十名學生上課時，「興趣量表」的頂端處響起了掌聲，一學期下來，我隱約知道那個人可能是誰，因為一位女大生似乎每次上課都做了充分的準備，善於討論和回饋。所有的學生都是一邊工作一邊上課，所以她真的有很多事要忙，她在考試中是第一個拿到滿分的人。我從未問過她關於鼓掌的事，因為我之前承諾過這是匿名進行，但無論她是否是誇張的鼓掌者，她都可以做為一個重要動機的鮮明例子，心理學稱之為「成就動機」，當人們有這種動機時，他們就會尋找能夠展現自己成就意願和能力的情境，而這又促使他們表現出色。心理學稱這種關聯性為「動機」，因為行動源於動機。

有許多例子顯示，動機和由此產生的動力在我們以目標為導向的行為中扮演重要角色。每一種行為都是由潛在動機引起的，行為以目標為導向，而以目標為導向的行為往往為持續到目標實現為止。為了實現目標，人們會計劃展開各種活動，這就形成了一個循環。

這個循環展現了動機如何「推動」我們的行動。你為什麼上大學或工作？原因可能有很多，也許你想學習，也許你想交朋友，也許你需要學位，也許你需要錢，也許你覺得無所事事很無聊。動機還有助於對行動做出預測，如果一個人有強烈的成就需求，他就會在學校、體育、商業、音樂及其他許多情況下努力工作。動機是最好的出發點，如果我們能將新習慣與我

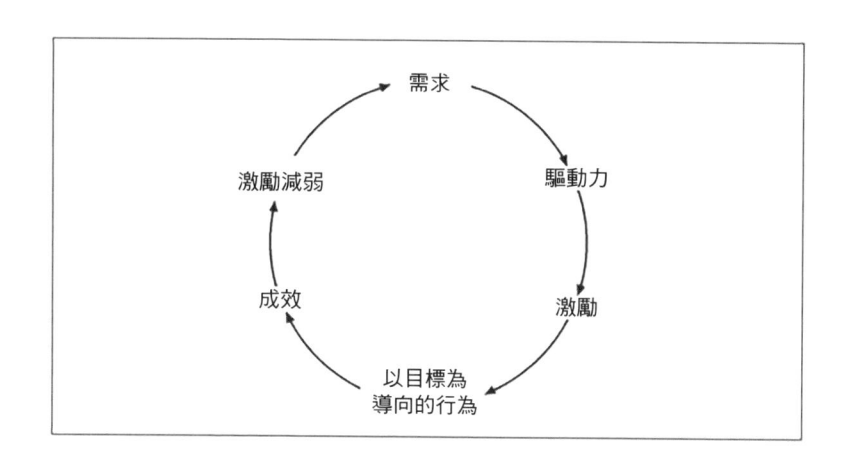

```
          需求
      ↗        ↘
  激勵減弱       驅動力
   ↑            ↓
   成效          激勵
      ↖        ↙
      以目標為
      導向的行為
```

們的一個或多個動機達成一致，就會形成一個良性循環。新習慣滿足了我們的動機，我們會體驗到這種滿足感帶來的回報，而這又會促使我們再次做出新的行動，進而養成習慣。

你的動機是什麼？是什麼驅動著你？當你列出了自己的動機，問問自己哪些動機滿足了將要成為新習慣的行動，建立這種關聯並將它寫下來，讓它明顯可見，是成功養成新習慣的一個證明有效的驅動力。溫蒂・伍德和傑弗瑞・昆恩在2005年也寫過同樣的文章。

溫蒂・伍德在我參加的一次會議上說，當遇到困難時，她就會想到獎勵箱。當她完全不想運動或對運動興趣缺缺時，她仍然會振作起來踏上跑步機，選擇至少有一部她最喜歡的影集正在播放的時間，她稱之為「移動的電視」。這在緊急狀況下能奏效，將即時獎勵與尚未完全成為習慣的行動連結起來。

7. 制定實行意圖

　　如上所述,動機在很大程度上取決於我們的目的,亦即什麼對我們而言是重要的,什麼是我們想滿足的需求。「動機」說明了行動意願是如何產生的(驅動力),「意志」說明了這種驅動力如何轉化為結果(成功)。動機是開始,意志則是堅持。現在要介紹的技巧「制定實行意圖」則不僅有助於希望動機產生效果,還有助於針對性地投資你的意志。

　　壞習慣應該去除,這點毫無異議,但應該用什麼取而代之呢?心理學家馬克・布頓、弗烈德里克・威斯特布魯克(Frederick Westbrook)、凱文・科科倫(Kevin Corcoran)和史蒂芬・馬倫(Stephen Maren)在2006年的研究報告指出,若新習慣不來,舊習慣就不去。為了讓新習慣到來,不僅需要一種驅動力,還需要一種在舊習慣有可能佔上風的情況下的保護機制,這就是意志力發揮作用的地方。

　　當行動的機會來臨時,我們可能會因為忘記執行預定的行動而無法實現自己的意圖。心理學家建議,在這種情況下,制定計畫可以提高實行預期行動的可能性。

　　制定計畫?你可能覺得這算什麼了不起的技巧?請繼續看下去。你想到的可能是簡單的「行動計畫」,我們用它們來計劃我們在特定情況下要採取的行動。但在這裡,我們談的是「實行意圖」,這種計畫更為專門,它們是行動計畫的一個子類型,需要詳細說明情境的特徵以及對這一情境的預期反應,

它們將可預測的情境線索與目標導向的反應連結起來，其形式為「當情境Y出現時，我將啟動行動Z（以便達到X目標）」。

實行意圖是結構嚴謹的「如果—那麼—規則」，它將行動與特定的預期情境連結起來，因此是研究人員作為目標導向的干預或實驗程序的一部分而提供的，而不是自己生成的，這就使它們成為強化誘發因子和新的、想養成的習慣相結合的潛在手段。之所以說這些實行意圖是「習慣護盾」的最佳候選人，是因為一旦我們選定它們，它們幾乎就會自動起作用。

馬修‧伯特維尼克（Mattew Botvinck）等人（2004年）的神經影像學研究闡明了這種護盾功能，因為當幾種潛在的自動反應被激發時，前扣帶皮層就會啟動，這與錯誤識別、大腦啟動適當措施以及有獎勵的決策和學習過程有關，這一區域的激發反應又會導致大腦中負責自主控制的前額葉皮層的活化。我們會體驗到，我們有意識的動機和態度會干預我們的行為並幫助我們糾正它們。早在2004年，埃弗特（Erfurt）的心理學家提爾曼‧貝奇（Tilman Betsch）等人就觀察到這一點，這項研究的參與者制定了實行意圖，以便在常規行動之外採取另一種行動。在時間壓力下，參與者在30%的情況下能夠成功擺脫常規行動，而在無時間壓力下，成功率則達70%。

這表示，一旦實行意圖將選擇置於意識控制之下，參與者就需要自我調整資源來推翻他們的常規反應。然而，由於缺乏沒有制定實行意圖的對照組，這一結論是有侷限性的，儘管如此，這些結果顯示，透過在適當的決策時間將兩個選項之間的

選擇置於意識控制之下，實行意圖可以支援執行新期望的行動，並抑制舊的不良習慣。重要的是，你執行新行動的意圖必須保持穩定，並且優先於衝突的目標意圖，這樣新行動才能在決策點保持理想狀態。

那麼，實行意圖究竟是如何發揮作用的？我們制定實行意圖是刻意為之，我們決定做某件事，然後思考何時以及如何去做。實行意圖可以用「如果─那麼」的句型來呈現，「如果」是習慣的誘發因子，「那麼」是實際的護盾，亦即我們在這個句子中用來確保我們的新習慣而加入的行動。舉例來說，「如果家裡有樓梯，那麼我會活力滿滿地直接踏上第一階」。透過這種方式，在壓力情況下，我們會有意識地在執行意圖的「如果」部分（例如更多的體能訓練和健身）去做想要做的事，以加強心理表徵的激發。儘管這聽起來平凡無奇，但過去20年的研究清楚顯示，這讓我們更容易識別壓力情況，更加關注它，也更加有效地管理它。

不過，執行意圖還能有更多作為，它們能幫助我們關注目標和達成目標的多種途徑，它們能讓人產生信心。這就是自動化能提供幫助的地方：一旦能以「如果─那麼」指示的形式在預期的壓力情況和目標導向的反應之間建立起連結，就能在相應的情況下立即、有效、不做他想地做出反應。具體地說，當我們踏入一棟多層建築的入口時，我們會想：「我要走去樓梯那裡，充滿活力地踏上第一階。」立刻，不費力，也不需再次決定在入口處應該做什麼，就能實現在日常生活中內建多種行

動的目標。我自己也嘗試過很多次，有段時間，我經常開車及搭飛機。在那段時間，我都將車停在機場，然後我會在接下來的路上碰到一個經典的手扶梯／樓梯的組合，左邊上手扶梯，右邊上樓梯。而且高度差還不小。每當我過轉角，許多同行者都走手扶梯，我的「如果—那麼」就起作用了：「如果有樓梯，那麼就走樓梯。」無論我多疲憊不堪，精神不濟，這招總能奏效。

彼得・格爾維茲（Peter Gollwitzer）和帕斯卡・希蘭（2006年）在他們對94項個別研究的元分析中顯示，我並非單一個案。奏效的原因顯然是可以理解的：「如果—那麼」會產生即時性（即較快的反應）、效率（即所需的認知資源較少）和多餘意識（即就算沒有意識到壓力情況也會啟動）。透過在預期情境和計畫性反應之間建立連結，實行意圖使人們能自動地朝著目標努力，就像在日常生活中反覆配對情境和反應而形成的習慣一樣。因此，執行意圖可以說是一種即時習慣或策略性自動行為。

我們如何才能制定出最大成效的執行意圖呢？首先，當行動的線索是一個事件，而不是一個基於時間的線索時，它們就會發揮最大的作用。其次，當我們將它們用於應對計畫時，它們就會變得極為有效。透過應對計畫，我們可以克服可能阻礙我們將新行動變成習慣的障礙。根據法爾可・史尼荷塔（Falko Sniehotta）、烏爾特・修爾茲（Urte Scholz）和拉夫・史瓦策（Ralf Schwarzer）（2007年）的研究，這種「應對計畫」包括

在心理上預測可能會阻礙我們新行為的困難,並根據這種對未來的憧憬,制定具體的計畫來應對這些情況,例如在進行節食時,計畫如何應對提供高熱量食物的社交場合。這種執行意圖還能有效地保護追求的目標不受相互衝突的想法或感覺的影響,安雅・阿赫齊格(Anja Achtziger)、彼得・格爾維茲和帕斯卡・希蘭(2008年)的研究顯示,如果參與者養成了克服渴望的執行意圖,那麼他們就會更順利實行將自選的高脂肪零食攝取量減半的目標。執行意圖既可以用來實現特定行為,也可以用來抑制不想要的行動。

　　所謂的「預防計畫」也能反其道而行。瑪莉克・阿德里安斯(Marieke Adriaanse)等人(2010年) 在研究中讓人們制定像是「晚飯後,我會像平常一樣不吃甜點,改吃水果」之類的預防計畫。結果:人們不僅對自己的習慣有了更清晰的認識,而且在吃零食的不健康習慣方面也有了明顯的改善。不過,從研究上也必須知道一點:對於習慣已根深蒂固或上癮者而言,即使是計畫也有其極限。健康學家莉莎白・凡歐斯(Liesbeth van Osch)等人(2008年)調查了應對計畫減少不良行為的效果,制定應對計畫來戒菸的參與者在七個月內的戒菸率提高到13.4%,而對照組的戒菸率則為10.5%。

8. 提高效率

想知道如何能盡快、牢固地養成新習慣，克莉絲汀・威許勒（Kristin Wäschle）等人（2014年）透過研究發現，自我成效感與學習目標的實現之間存在互為因果的關係。

馬可・史多揚諾維奇（Marco Stojanovic）等人（2021年）也認為自我成效感是理想行為的一個強力且可塑的預測因素，他還證明我們的自我成效感信念其實可以預測習慣的成功養成。研究小組在兩項研究中使用了一款特別製作的應用程式「成長—習慣養成器」，這款應用程式透過一份有科學根據的問卷，引導參與者對自我成效進行評估。然後，參與者在應用程式中定義了他們的習慣（必須是大學的新學習習慣）、他們計畫何時養成習慣（例如晚上刷牙之後）、習慣將持續多長時間（10至30分鐘不等）以及他們重複這個習慣的目標（例如為一堂講座內容做總結或閱讀五頁書）。該應用程式陪伴參與者進行六週的實驗，每次重複習慣之後，它會測量他們的重複成功率和目標實現的估算程度，所有的數據都分別顯示在應用程式的曲線圖，習慣的養成過程一覽無遺。第一項研究進行了六週，第二項研究進行了23個月，結果顯而易見：習慣養成和與習慣相關的自我效能之間存在著一種正螺旋關係。簡單地說：我們愈早相信自己做得到，就愈早做得到。這聽起來好像一句俏皮的毅力咒語，但事實證明不只如此，研究結果證明，我們對自我效能感的信念就像是新習慣養成的「開關」。

這就提出了一個問題：我們如何檢查並提高我們對習慣的自我成效預期？例如，透過體認到我們自身的特質並非一成不變的。在趙勤（音譯：Qin Zhao）、亞倫・威賀曼（Aaron Wichman）和艾娃・弗里斯伯格（Eva Frishberg）（2019年）的研究中，有一半的受試者先是透過一篇文章了解到，他們幾乎無法對自己的能力做出改變，另一半受試者則閱讀了另一篇文章，文中讚揚了經由學習和努力提高自身能力的可能性，然後，所有的實驗對象都填寫了一份自我評估問卷，並完成了幾項小任務。預先了解到自己的能力可以改變的受試者不太因為自我懷疑而信心動搖，他們也更順利地完成任務。趙對研究結果做了總結：「如果一個人相信能力不是固定不變的，那麼懷疑就不會對幸福感產生太多負面的影響。」

你還可以設定自己的目標，因為設定目標對於自我效能感的建立至關重要。如果在設定目標時，你意識到：「噢，我必須為此付出一點努力。」那麼你就有了所謂的「伸展目標」，你必須伸展一點才能達到目標。為了這樣的目標，我們更願意承擔合理的風險，而當面臨失敗和挫折時，我們也更有韌性。此外，放眼全局也會提升自我效能感，這種聚焦有助於我們看淡短期損失，不讓它們奪走我們的自信，畢竟，重要的是我們如何看待和解讀通往目標道路上的障礙。重塑我們看待失敗的方式和我們對失敗的感受，對改變我們對自己的看法大有幫助，例如，自我效能感高的人不會把失敗視為自身的缺點，相反地，他們會嘗試去面對，並找出積極克服的方法。亞歷山

大‧羅斯曼（Alexander Rothman）等人（2009年）認為，我們會根據自己的目標去關注不同的行動結果，而自我價值感高且樂觀的人可能會在需要時將注意力轉移到其他成功領域，強調在一些有賴於改變行動的領域中累積的成功和成就，可以幫助人們在需要時改變關注重點，進而提高滿足感。

奧斯丁‧鮑德溫（Austin Baldwin）等人（2006年）的研究顯示，這是值得一試的：自我效能感可以用來預測591名尚未嘗試戒菸者的成功率，而對於那些已經戒菸的人，它可以預知對戒菸經驗的滿意和長期性的成功。為此，研究小組對有戒菸意願的未來不吸菸者進行的長達十五個月的觀察，在每個階段，研究人員根據參與者的戒菸行為將他們分為「發起者」和「維持者」，隨著時間，自我效能感預示著「發起者」今後不再吸菸，而滿意度則通常預示著「維持者」今後不再吸菸。

一般來說，當我們做一件事卻沒有成功時，我們的自尊心會受到打擊。當醫生要求我們「吃得健康一些，在超市要買蔬菜水果，而不是棉花糖」時，他們是出於好意，但是他們太急迫了。我聽過一個特別的故事，一個心理學家對一個為節食所苦的人說：你平常吃什麼，你就先繼續照吃。但是，要嘛提前一站下車，多走幾步路去超市，或者，如果你本來就走路的話，不要走去最近的超市，而是再往下一個超市走。這樣一個簡單的改變就能自動消耗更多卡路里，我們之後再來討論菜單。你明白了嗎？重點是提高你的成就感。

9. 製造重複

習慣系統是一個傳統主義者,它取決於我們過去做了什麼,而不是我們計畫做什麼的決定,它是基於我們過去所獲得的回報,而不是我們今天想要獲得的回報。因此,就算我們認為喝咖啡不健康,我們可能仍然會在早上一起床就想到咖啡,因為這是我們的習慣,而且我們的大腦在早上的第一件事就是把注意力集中在咖啡上。

為了改變這種情況,讓新習慣發揮作用,我們需要持續的誘發因子。當我們執行新動作時,我們會在情景與動作之間建立一種心理聯想,而重複執行則會在我們的記憶中強化並建立這種聯想。

菲莉芭‧拉利等人(2010年)的一項實驗說明了重複的重要性。參與者將「散步」這一簡單的健康行為與「晚餐」這一永遠相同的誘發因子連結起來,天天如此。對某些人來說,只需24天,亦即重複24次,習慣就養成了,他們根本不必再去想這件事,而另一些人則需要長達100天的時間。所以,給自己一些時間吧,沒有硬性規定,更別提像「堅持21天就能養成習慣」那樣。

21這個數字究竟從何而來?不是來自科學,它來自麥克斯威爾‧馬爾茲(Maxwell Maltz)在1960年代的一本自療書。這本暢銷書講述了習慣整形後的臉部需要多長的時間,這與習慣的養成和改變並沒有太大關係。養成習慣需要更長的時間,

如果你喜歡你正在做的事，而且將來可能還會做，那麼兩到三個月可能是最好的估算。在體能鍛鍊方面，納文·考沙爾（Navin Kaushal）和萊恩·羅德茲（Ryan Rhodes）（2015年）指出，如果每週上健身房四次，六週內就能養成去健身房運動的習慣。

2017年，來自瑞典的蓋伊·麥迪遜（Guy Madison）和古妮拉·席爾德（Gunilla Schiölde）向我們解釋，我們更喜歡重複的事物。心理學家認為，當我們對事物更加熟悉時，無論是音樂、人或數學，我們做起來會更加得心應手。社會心理學對此做出了一種解釋，並將這種「更喜歡」的原因稱為「重複曝光效應」（Mere Exposure Effect）。羅伯特·扎榮茨（Robert Zajonc）在1960年代率先證明了這一點，他觀察到，人們對於較常見的中文字有較正面的評價，這是無意識的一面。麥迪遜和席爾德又深入研究有意識的一面，亦即所謂的識別效應，他們讓測試者聆聽40種不同的音樂樣本。所有音樂的複雜程度各不相同，選出的樂曲被縮短至最長75秒，突兀的開頭或結尾都被淡化處理，在大約四週的時間裡，每首曲子都播放了28次。在整個實驗過程中，他們記錄了每個人的評分。隨著反覆聆聽各種複雜程度的樂曲，正面評價持續增加。這個故事代表什麼？無論音樂的複雜程度如何，熟悉程度是解釋音樂喜好差異最重要的唯一變數。正如洛可·帕隆波（Rocco Palumbo）等人（2021年）所寫的，這適用於許多情況。

10. 讓它變得順暢無礙

　　如果某件事情變得更容易做，我們就會更頻繁地去做。我們都熟悉「讓事情更簡單」的原則，它是直覺的智慧型手機操作、一鍵式購物、「無障礙經濟」的基礎，也是我們欣然接受卻莫名未取消的許多訂閱的基礎，我們之所以不取消訂閱，也是障礙造成的。因為當一件事較棘手時，我們往往會減少做這件事的頻率。障礙是使事情較難做的情境，我們沒有意識到情境對我們的生活的影響有多大，情境就是一切，它是我們所處的環境，它是一天中的時間，它是我們周遭的其他人，它是鄰近：事物離我們有多麼近。

　　讓我舉個例子吧，在2021年的一項研究中，彭維（音譯：Wei Peng）等人對數十萬人進行了為期數月的追蹤調查，以了解他們去健身房的步行距離。結果發現：如果人們步行三英哩半，他們平均每月步行五次，如果步行距離超過五英哩，他們平均每月只步行一次。對於理性思考、腦袋清醒的我們來說，這種差異並不重要。如果你想去健身房，就去健身房，距離遠近並不重要，但是，路途較遠就會增加難度，你需要更多的時間，你必須多加考慮如何到達那裡，這一切都會增加障礙。這樣，去健身的可能性就會大大降低，這就是有訓練的習慣和沒有訓練的習慣之間的差別。

　　如何盡量減少障礙，讓行動成為習慣？附近是一個決定性的因素，我們想要「安裝」的行為指引應該就在附近。而我們

不想做的事情的線索應該離得更遠。據說我們每天都要察看手機50次以上，我認為我們是在無聊時才這麼做的，當我們處於不想待的社交場合時，比如電梯裡，或是那裡有我們不想交談的人，我們就會看手機。我們開始掏出這些小東西的原因之一是——你猜對了——就是因為距離近。我們總是手機不離身，這非常容易養成習慣。如果從理論上講，水果放的距離和手機一樣近，那麼你可能會吃下更多水果。看起來很容易，實際上卻很愚蠢，不是嗎？你會想：「噢，我晚上通常在沙發上吃餅乾，但我要改變這種習慣」，你想改做開合跳或伏地挺身，而你在想這些的同時，卻清楚知道吃餅乾有多容易，這樣是行不通的。正如崔西・張等人（2019年）所指出的，我們在櫥櫃中存放的所有東西都是如此，如果我們把東西放在較為靠後的位置，我們就會自動減少取拿取它們的次數，因為這太費事了，專家們稱之為「選擇架構」（Choice Architecture）。

格雷戈里・普里維特拉（Gregory Privitera）和法瑞絲・祖萊卡特（Farus Zuraikat）（2014年）報告了他們如何用蘋果和爆米花來研究「鄰近效應」。這與公里數無關，在這個實驗中，一些人面前放著一碗蘋果片，桌子的另一端放著一碗爆米花，他們能看到它，能聞到它，只要稍微伸手就能拿到它。或者，爆米花就在他們面前，而蘋果放在不遠處。當蘋果在他們面前時，他們消耗的卡路里只有當爆米花在他們面前時的三分之一。雖然他們可以看到兩個碗，也可以搆到兩個碗，但是，當爆米花就在眼前時，他們攝入了三倍的熱量。我們會認為，

當我們在節食時，無論蘋果放在哪裡，我們都會吃，但事實並非如此。

我們可以利用這一點。以下是在2021年1月9日《紐約時報》提出的幾點建議：

一、**穿著運動服睡覺**。如果你想養成早晨運動的習慣，方便穿衣晨跑或訓練，那就穿著運動服睡覺，把運動鞋和襪子放在床邊，這樣早上就少了一件拖累你的東西。

二、**在辦公桌旁放置啞鈴**。在附近放輕量的啞鈴，在電話開會時做幾次訓練。

三、**在門上掛掛勾**。如果你總是弄丟鑰匙或忘記戴口罩，在門上掛一個掛勾架，用來放置口罩、鑰匙或其他出門時需要的重要物品，都能幫助你養成隨身攜帶它們的習慣。

四、**刷牙時單腿站立**。刷牙時單腿站立是訓練平衡的一種方法，（刷牙一分鐘之後換腿）或者利用刷牙時間練習正念。當你在舊習慣（如刷牙）的基礎上增加一個新習慣（如冥想或平衡練習），這就是所謂的「疊加」。當你把習慣疊加在一起時，你會更容易記住它們。

在我妻子的劇院裡，我認識到另一種製造鄰近感，進而減少障礙的方式。那是一個黑色劇場，因此光源相當缺乏，我們看不到表演者，只能看到他們在（黑色）光線下拿著的物品。

舞台後面的區域也是黑色的，牆壁是黑色的，演員的服裝是黑色的，布幕也是黑色的，光線亮度被降到最低。演員如何才能確保在正確的時間找到所有的道具呢？那就是提前準備好一切。這是每個演員在演出前都要經歷的一種儀式——如果有人真想給同事找麻煩，他就會跟在同事後面，把東西掉包，據說這種事真的發生過。但是，這種「擺放」的想法，把東西整齊放置的概念，恰恰能減少障礙，也能讓戲劇之外的生活變得更容易。

透過這種方式，你可以重新組織日常生活中的環境，進而使行動更容易成為一種新習慣。要改變我們的環境，需要一定的規劃，並找出問題所在：怎樣才能讓我更容易省錢？怎樣才能讓我更容易執行健康飲食或上健身房？

奇妙的是，反過來也行得通。你也可以透過製造障礙來放棄某個行動，因為重新獲得控制權的秘訣就是重新製造一些障礙。決定用筷子吃爆米花的人吃的爆米花明顯減少。行為及經濟學家羅伯特・史密斯（Robert Smith）和艾德・歐布萊恩（Ed O'Brian）（2019年）則指出，在更嚴峻的情況下，它也能發揮作用。美國是世界上第一個在香菸盒上強制標示警語的國家。當時是1960年代，美國也開始課起香菸稅，甚至禁止香菸上架，自那時起，美國人再也不能隨手就買到香菸，店家會檢查年齡並親手將香菸交予顧客。這一切都增加了吸菸的難度，因此吸菸人口從近50%降至今天的15%。

這說明了障礙的力量。改變行動的原因是，過去很容易取

得的東西現在不那麼容易取得了，它打破了習慣，它阻斷了習慣，對許多人來說，它導致了習慣的枯竭。這裡還有兩個值得模仿的例子：聖文森大學的羅恩·凡·豪登（Ron Van Houten）和他的同事們讓電梯門減慢了26秒。結果，電梯乘坐者的數量減少了三分之一，他們改走樓梯。艾莉莎·羅弗納（Alisha Rovner）等人的研究（2011年）顯示，從學校撤走自動販賣機會讓年輕人更難以吃到垃圾食物或喝到含糖飲料。

11. 助推一下

言斯·史班（Jens Spahn）的滑鐵盧是「器官捐獻卡」。2020年1月，這位德國衛生部長帶著這個議題投入選戰。基本上，他的出發點是好的：讓更多人有更多機會活下來。他認為要實現這一目標，唯有讓器官捐獻成為一種習慣，才能有所幫助。史班和他的團隊知道，如果在德國詢問人們是否願意捐獻器官，大家的意願都很高。根據馬克·懷特黑德（Mark Whitehead）等人的研究結果，這一比例為78％。然而，在德國實際持有器官捐獻卡的人數卻少很多，原因出在「自動捐贈制」（Opt in Law），該規定要求人們明確聲明自己願意成為器官捐獻者。而在器官捐獻率幾乎達到百分之百的國家，則有一項「預設默許制」（Opt out Law）：人人都是器官捐獻者，但可以隨時撤銷。這種「預設默許制」也可以在「助推」的考量因素中找到。

卡斯・桑斯坦（Cass Sunstein）和理查・塔勒（Richard Thaler）（2009年）指出，人們可以在誘導下做出新的、更好的行為。「助推」的本質是創造環境刺激，使人們更容易採取有利可圖、以目標為導向的行為，並在可能的情況下將其自動化。良好營養自動機制、爬樓梯自動機制、老年照護自動機制、可持續發展自動機制均已獲得推廣及研究。

2015年，在衛生部長提出這項公共倡議的前幾年，我們的Braincheck團隊也曾問過自己這樣一個問題：這種對新行為的誘導是否真的像文獻中所描述的那樣，具有低門檻和超越個體化的特點？如果一個人可以被引導去做出新行為，這是否也能為新習慣的養成打下基礎？當時的背景非常有利：我們必須策劃一個研討會，提供醫生方法和手段，好讓第二型糖尿病患者更容易改變飲食和健身行為。在2015年，這方面已經有一些研究。泰瑞莎・馬爾陶（Theresa Marteau）等人總結道：「助推肯定奏效」。柯林・沛恩等人的實驗（2014年）證明，只需在購物推車裡放置一個寫著「到這個位置為止都放水果和蔬菜」的黃色標示牌，健康食物的銷售量就會翻倍。

當所有的部落格都在為「助推」歡呼，並忽略了馬爾陶等人基於少數可靠的良好結果而提出的警告。傑夫・弗倫奇（Jeff French）在2011年出版的一份刊物中寫道：「只有助推是不夠的」。引導不總是有效，它常常還需要「推撞」或「擁抱」，甚至「拍擊」，弗倫奇將所有這些形式轉化成一個矩陣。

我們決定與治療師兼教練布爾姬特・費斯特（Birgit Fehst）

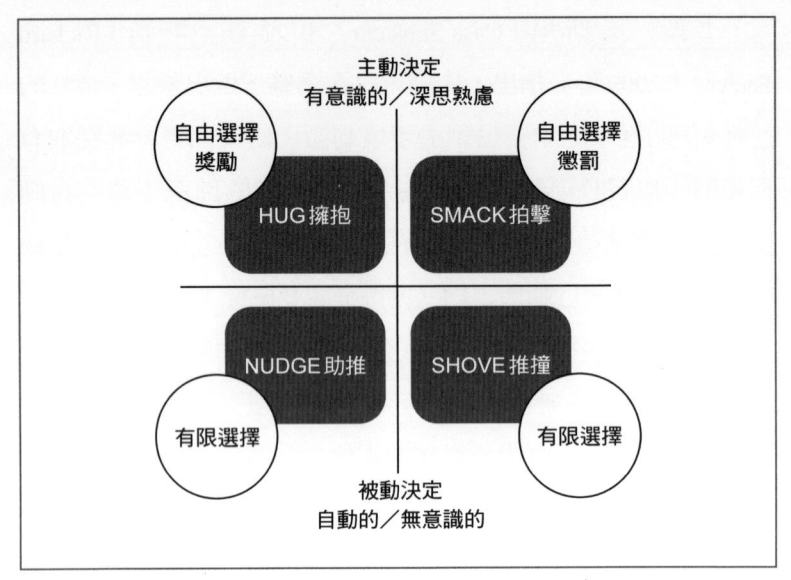

```
              主動決定
           有意識的／深思熟慮

  自由選擇                        自由選擇
   獎勵                            懲罰

        HUG 擁抱        SMACK 拍擊


        NUDGE 助推      SHOVE 推撞

   有限選擇                        有限選擇

              被動決定
            自動的／無意識的
```

圖片來源：根據傑夫・弗倫奇（2011年）之原圖修改。

一起舉辦一個「推撞」座談會，以便讓醫生們親自體驗這種以消費者為中心（也就是以患者為中心）的新行動方法的好處。我們設計了一間工作間，沒有傳統的議會式平行座位安排，取而代之的是以椅子、健身墊和健身球。30分鐘研討會的目的不是改變醫生們未來的就座行為，而是測試「推撞」的效果。由於座談會以滾動的方式連續進行了幾次，由同一訓練師授課，但參與者是隨機分配的，因此我們的準實驗就在腳邊進行。[1] 總

---

1 在心理學中，準實驗是一種實驗設置，它不是在最佳的實驗室條件下進行的，受試者的分配沒有實際的隨機性，但它包含了科學實驗的基本要素，因此可以對變量之間的關係做出一定的說明。

共有三個小組,每個小組有12個人。第一組依照描述找到了會議室,並在螢幕上看到「歡迎參加座談會」的開場幻燈片,第二組和第三組以同樣的方式找到了會議室,不過我們更改了開場幻燈片,他們看到的內容是:

「如果你想避免背痛,那就使用坐球。」

結果:在第一組中,椅子一開始就被醫生們坐滿了,由於椅子的數量(八張)不敷使用,無椅可坐者只能站著或靠在牆上。第二組和第三組也有人坐在椅子上,但是分別有六個人和五個人把球或墊子當座位,許多椅子是空的。當我們在座談會上詢問坐球和墊子的人是如何做出選擇時,發現了一個有趣的現象:在第二組中,六個人中只有三個人真正有意識地看了幻燈片,並改變了他們向來的就座行為,而在第三組中,五個人中有三個人做出了這樣的選擇,因此,在這兩組中有些人覺得不坐在椅子上是個好主意。當然,我們也詢問了第二組和第三組選擇坐椅子的人,他們的回答大同小異,就是不想坐在球或墊子上,無論它們對健康多有助益。在做出正確決定的過程中,他們感覺自己受到監護,而非支持。

田鼎(音譯:Allen Ding Tian)等人(2018年)將儀式視為一種極為有效的助推,足以提高參與者的自律性。儀式是預先確定的行動序列,其特點是僵化和重複,其結果堪稱是真正的勸導經典。例如,一項現場實驗顯示,在五天的時間裡,在進食之前舉行儀式有助於減少參與者的卡路里攝取量,而且將儀式與健康飲食行為連結起來,會增加在之後的決定中選擇健

FITNESS

Wenn Sie keine Rückenschmerzen
haben wollen,
nutzen Sie die Sitzbälle.

康飲食的可能性。這說明了儀式為何如此有效，原因在於與儀式相關的更強烈的自我控制感，參與者在儀式之後感覺自我控制力變強了，當我們難以自我控制時，儀式會改變我們的反應。

史班先生和他的顧問團隊在嘗試提高器官捐獻意願時，應該要牢記這一點：新習慣不僅需要機會，還必須有意願想要養成新習慣。換句話說，我們希望透過一連串自動化的行動來達成的目標，必須能讓我們獲得利益。若非如此，我們就會感到行動自由受限，因而心生抗拒，我們於是會試圖儘快恢復自由。結論：透過助推養成新習慣是一項棘手的工作，其付出的努力不見得能獲得成功，即使依照定義，助推的成本很低。

結語

邁向未來

新世界

我們當中只有極少數人是靠著一成不變取得成功的，事實上，研究顯示，愈成功的人愈是尋求變化，他們明白，想要真正創新並引領潮流，就必須擁抱變化。然而，適應力強並不僅是接納變化，它還意味著一種現實的樂觀主義精神，看到通往目標的各種可能途徑。

本書中的九種技巧及其在日常領導工作中的各種組合，向我們展現了如何在私人生活和職業生活中實現更高的 AQ。這些技巧從三個不同的方向加強我們的 AQ：我們的思維、我們處理情感的方式及我們的行動。由於工作與生活的融合，我們的 AQ 是一個技能包，我們在工作、家庭和所有交叉點上使用它們的方式是沒有限制的，我們可以運用這些技能的情況只會愈來愈多。

適應力強表示對問題和挑戰的各種意想不到的解決方案持開放態度，這九種技巧可以幫助我們將這些問題與挑戰視為不需害怕的東西，而是我們可以應對並樂於克服的東西。高 AQ 的人有能力建立一個由高度敬業、能力出眾的人組成的廣泛網路，因為正如研究也顯示的那樣，適應力不僅是一種「自我的技能」（I-Skill），也是一種「我們的技能」（We-Skill）。

對管理者而言，變化是不可避免的。適應力強的管理者不怕變化，他們在逆境中保持積極態度，即使在困難或低迷的時期也能讓團隊保持專注和動力。開放性是他們的核心運作原

則,換位思維讓他們能在許多地方找到解方和亮點。在已知的邊緣尋找可能性,對他們而言,就像在必要時果斷放棄解決方案一樣理所當然,所有這些重要的領導素質都建立在適應和擁抱變化的能力上。

每兩則徵人廣告中就有一則要求對傳統程序提出質疑,顛覆已知事物、為即將到來的事物做好準備以及懷抱好奇心面對未來事物的能力,在你的整個(工作)生活中始終至關重要。無論是規劃、執行或是使用新策略、企業資源規劃(ERP)系統、客戶要求、企業文化,本書中的各種工具、策略和技巧都能為取得最佳成果提供動力。

新習慣

有一點一直是重要的:既要專注於打破現有的不良習慣,也要培養新的良好習慣。本書提出了一些實現這一目標的建議,研究呼籲我們觀察自己,制定「如果—那麼」計畫,它請我們把情況和誘發因子清晰地想像出來,這也鼓勵我們找出可能阻礙我們繼續實行新行為的情況。你可能無法同時考量到所有建議,不過,如果你能將這些認知發現考慮在內,你就會明顯增加將新行為轉化為習慣的機會。重複、穩定的情境、正確的獎勵以及減少或增加障礙,是成功養成(新)習慣的核心驅動力。

下一步

研究不會停滯不前，知識也不會。我早年在科隆大學師從葛楚德・坎伯（Gertrud Kemper）和赫爾曼・呂柏爾（Hermann Ruppell），從他們身上我獲益良多，明白了思考和解決問題是人類成功的核心。我也探索了好奇心，從那時起，我就關注我們如何才能學得更好的問題。我與未來機構工作公司的安德烈亞・史代勒、維吉尼亞大學的托德・卡什丹以及墨克科技公司的克莉絲汀・布魯姆－豪瑟（Christine Blum-Heuser）和阿斐蒂塔・卡斯特拉提（Aferdita Kastrati）一起進行的好奇心研究顯示，好奇心對於新事物的興趣和想法的多樣性是多麼重要，但這也提出了一個新問題，就是誰來實行好的想法？

我在提亞・桑德－夏倫貝格（Thea Zander-Shellenberg）那裡找到了答案，這就是心理資本，我將它重新命名為「未來勇氣」。然後到了2020年，問題出現了：當一切突然一變再變，所有這些精神力量該怎麼辦？事實證明，AQ是永久所需技能的核心。

什麼樣的思維才能幫助我在這個新常態世界中實現這種適應能力？有沒有「聰明的秘密」這種東西？我剛剛開始與阿辛・沃特曼和萊昂・法爾坎普一起研究這個主題，這依然令人感到振奮。最早的環保主義者之一彼得・布萊克爵士（Sir Peter Blake）一語道破何謂「聰明」：「新科技很常見，新思維很罕見。」消除這種稀有性就是聰明的目標，這是一種新的、

舊的和下一個新常態的SMART要素。在此之前：請保持樂觀，繼續思考！

卡爾・諾頓

參考文獻

Achtziger, A., Gollwitzer, P. M., & Sheeran, P. (2008). Implementation intentions and shielding goal striving from unwanted thoughts and feelings. *Personality and Social Psychology Bulletin*, 34(3), 381–393.

Adriaanse, M. A., Oettingen, G., Gollwitzer, P. M., Hennes, E. P., de Ridder, D. T. D., & de Wit, J. B. F. (2010). When planning is not enough: fighting unhealthy snacking habits by mental contrasting with implementation intentions (MCII). *European Journal of Social Psychology*, 40, 1227-1293.

Armitage, C. (2005). Can the Theory of Planned Behavior Predict the Maintenance of Physical Activity? *Health Psychology*, 24(3), 235–245.

Asendorpf, J. B. (2018). *Persönlichkeit: Was uns ausmacht und warum*. Berlin / Heidelberg: Springer, 323 – 340.

Baldwin, A. S., Rothman, A. J., Hertel, A. W., Linde, J. A., Jeffery, R. W., Finch, E. A., & Lando, H.A. (2006). Specifying the determinants of the initiation and maintenance of behavior change: an examination of self-efficacy, satisfaction, and smoking cessation. *Health Psychology*, 25(5), 626 – 634.

Balgiu, B. A. (2014). Ambiguity Tolerance in Productional Creativity. *Logos Universality Mentality Education Novelty: Social Sciences III*(1), 29– 40.

Bargh, J. A., Gollwitzer, P. M., Lee-Chai, A., Barndollar, K., & Trötschel, R. (2001). The automated will: nonconscious activation and pursuit of behavioral goals. *Journal of Personality and Social Psychology*, 81(6), 1014 –1027.

Balleine, B. W., & O'Doherty, J. P. (2010). Human and rodent homologies in action control: corticostriatal determinants of goal-directed and habitual action. *Neuropsychopharmacology*, 35(1), 48–69.

Bateman, T., & O'Neill, H. (1eee). *The Goals of the Top Manager: A General Taxonomy and Customized Hierarchies*. Manuskript, University of North Carolina.

Betsch, T., Haberstroh, S., Molter, B., & Glöckner, A. (2004). Oops, I did it again – relapse errors in routinized decision making. *Organizational behavior and human decision processes*, 93(1), 62–74.

Beverland, M., Farrelly, F., & Woodhatch, Z. (2007). Exploring the dimensions of proactivity within advertising agency-client relationships. *Journal of Advertising*, 36(4), 49–60.

Botvinick, M., Braver, T. S., Yeung, N., Ullsperger, M., Carter, C. S., & Cohen, J. D. (2004). Conflict monitoring: Computational and empirical studies. *Cognitive neuroscience of attention*, 91–102.

Bouton, M. E., Westbrook, R. F., Corcoran, K. A., & Maren, S. (2006). Contextual and temporal modulation of extinction: behavioral and biological mechanisms. *Biological Psychiatry*, 60(4), 352–360.

Bouton, M. E., Todd, T. P., Vurbic, D., & Winterbauer, N. E. (2011). Renewal after the extinction of free operant behavior. *Learning and Behavior*, 39, 57–67. Bridges, W. (1994). *Job shift: How to prosper in a world without jobs*. Reading, MA: Addison-Wesley.

Brockner, J., Higgins, E. T., & Low, M. B. (2004). Regulatory focus theory and the entrepreneurial process. *Journal of Business Venturing*, 19(2), 203–220.

Brown, S. P., Westbrook, R. A., & Challagalla, G. (2005). Good cope, bad cope: adaptive and maladaptive coping strategies following a critical negative work event. *Journal of applied psychology*, 90(4), 792–798.

Carver, C. S., & Scheier, M. F. (1994). Situational coping and coping dispositions in a stressful transaction. *Journal of Personality and Social Psychology*, 66, 184–195.

Carver, C. S., Scheier, M. F., & Weintraub, J. K. (1989). Assessing Coping Strategies: A Theoretically Based Approach. *Journal of Personality and Social Psychology*, 56(2), 267–283.

Carver, C. S., Reynolds, S. L., & Scheier, M. F. (1994). The possible selves of optimists and pessimists. *Journal of Research in Personality*, 28(2), 133–141.

Cesario, J., Higgins, E. T., & Scholer, A. A. (2008). Regulatory fit and persuasion: Basic principles and remaining questions. *Social and Personality Psychology Compass*, 2(1), 444–463.

Chang, C.-P., & Chiu, J.-M. (2009). Flight Attendants' Emotional Labor and Exhaustion in the Taiwanese Airline Industry. *Journal of Service Science and Management* 02(04), 305–311.

Chapman, B. P., Fiscella, K., Kawachi, I., Duberstein, P., & Muennig, P. (2013). Emotion suppression and mortality risk over a 12-year follow-up. *Journal of psychosomatic research*, 75(4), 381–385.

Cheung, T., Gillebaart, M., Kroese, F. M., Marchiori, D., Fennis, B. M. &de Ridder, D. T. D. (2019). Cueing healthier alternatives for take-away: a field experiment on the effects of (disclosing) three nudges on food choices. *BMC Public Health* 19(1).

Chun, M. M., & Marois, R. (2002). The dark side of visual attention. *Current opinion in neurobiology*, 12(2), 184–189.

Crant, J. M. (1995). The Proactive Personality Scale and Objective Job Performance Among Real Estate Agents, *Journal of Applied Psychology*, 80, 532–537.

Crant, J. M., & Bateman, T. (1997). Charismatic Leadership Viewed from Above: The Impact of Proactive Personality and Organizational Citizenship Behaviors. *Paper presented at the Academy of Management Meetings, Boston.*

Crant, J. M. (2000). Proactive Behavior in Organizations. *Journal of Management*, 26(3), 435–462.

Crowe, E., & Higgins, E. T. (1997). Regulatory focus and strategic inclinations: Promotion and prevention in decision-making. *Organizational Behavior and Human Decision Processes*, 69(2), 117–132.

Cullen, K. L., Edwards, B. D., Casper, Wm. C., & Gue, K. (2014). Employees' Adaptability and Perceptions of Change-Related Uncertainty: Implications for Perceived Organizational Support, Job Satisfaction, and Performance. *Journal of Business and Psychology*, 29(2), 269–280.

Dajani, D. R., & Uddin, L. (2015). Demystifying cognitive flexibility: Implications for clinical and developmental neuroscience. *Trends in Neurosciences*, 38(9), 571–578.

Dalbert, C. (1999). *Die Ungewißheitstoleranzskala: Skaleneigenschaften und Validierungsbefunde* (Hallesche Berichte zur Pädagogischen Psychologie, Nr. 1). Halle: Martin-Luther-Universität Halle-Wittenberg, FB Erziehungswissenschaften – Pädagogik. van Dam, K. (2013). Employee adaptability to change at work: A multidimensional, resource-based framework. In: S. Oreg, A. Michel, & R. T. By (Hg.), *The psychology of organizational change: Viewing change from the employee's perspective*, 123–142. van Dam, K., & Meulders, M. (2021). The Adaptability Scale Development, Internal Consistency, and Initial Validity Evidence. *European Journal of Psychological Assessment*, 37(2), 123–134.

Daniels, K., & Guppy, A. (1994). Occupational stress, social support, job control, and psychological well-being. *Human Relations*, 47(12), 1523–1544.

Davidson, R. J., Jackson, D. C., & Kalin, N. H. (2000). Emotion, plasticity, context, and regulation: Perspectives from affective neuroscience. Psychological Bulletin, 126(6), 890–909.

Diener, E., Lucas, R. E., & Scollon, C. N. (200e). Beyond the hedonic treadmill: Revising the adaptation theory of well-being. *The science of* well-being, *The collected works of Ed Diener*. Dordrecht et al.: Springer, 103–118.

Diener, E., & Diener, C. (1996). Most people are happy. *Psychological Science*, 7, 181–185.

Diener, E., & Seligman, M. E. (2002). Very happy people. *Psychological Science*, 13, 81–84.

Do, B. R., Yeh, P. W., & Madsen, J. (2016). Exploring the relationship among human resource flexibility, organizational innovation and adaptability culture. *Chinese Management Studies*, 10(4), 657–674.

Dolbier, C. L., Webster, J. A., McCalister, K. T., Mallon, M. W., & Steinhardt, M. A. (2005). Reliability and validity of a single-item measure of job satisfaction. *American Journal of Health Promotion*, 19(3), 194–198.

Duckworth, A. L., & Seligman, M. E. P. (2005). Self-discipline outdoes IQ in predicting academic performance of adolescents. *Psychological Science*, 16, 939–944.

Dutton, J. E., & Wrzesniewski, A. (2020). What Job Crafting Looks Like. *Harvard Business Review*, 12.3.2020.

Eger, R. J., & Maridal, J. H. (2015). A statistical meta-analysis of the wellbeing literature. *International Journal of Wellbeing*, 5(2), 287–2ee.

Engeser, S. (2009). Nonconscious activation of achievement goals: Moderated by word class and the explicit achievement motive? *Swiss Journal of Psychology*, 68, 193–200.

Evans, J. S., & Stanovich, K. E. (2013). Dual-Process Theories of Higher Cognition: Advancing the Debate. *Perspectives on Psychological Science*, 8(3), 223–241.

Förster, J., & Friedman, R. (2003). Kontextabhängige Kreativität. *Zeitschrift für Psychologie*, 211, 346–365.

French, J. (2011). Why nudging is not enough. *Journal of Social Marketing*, 1(2), 154–162.

Gardner, B., de Bruijn, G. J., & Lally, P. (2011). A systematic review and metaanalysis of applications of the Self-Report Habit Index to nutrition and physical activity behaviours. *Annals of Behavioral Medicine*, 42(2), 174–187.

Garcia-Garcia, M., Barceló, F., Clemente, I. C., & Escera, C. (2010). The role of the dopamine transporter DAT1 genotype on the neural correlates of cognitive flexibility. *European Journal of Neuroscience*, 31(4), 754–760.

Gibbs, J. L., Ellison, N. B., & Lai, C. H. (2011). First comes love, then comes Google: An investigation of uncertainty reduction strategies and selfdisclosure in online dating. *Communication Research*, 38(1), 70–100.

Gilad, D., & Kliger, D. (2008). Priming the Risk Attitudes of Professionals in Financial Decision Making, *Review of Finance*, 12(3), 567–586.

Gollwitzer, P. M., & Sheeran, P. (2006). Implementation intentions and goal achievement: A meta-analysis of effects and processes. *Advances in experimental social psychology*, 38, 69–119.

Grant, A. M., & Ashford, S. J. (2008). The dynamics of proactivity at work. *Research in Organizational Behavior*, 28, 3–34.

Halin, N. (2016). Distracted while reading? Changing to a hard-to-read font shields against the effects of environmental noise and speech on text memory. *Frontiers in Psychology*, 7, Art. 1196.

Hall, D. T. (2002). *Careers in and out of organizations*, Thousand Oaks: Sage Publishing.

Hall, D. T., & Chandler, D. E. (2005). Psychological Success: When the Career Is a Calling. *Journal of Organizational Behavior*, 26(2), 155–176.

Hawkes, N. (2016). Sixty seconds on... New Year resolutions. *British Medical Journal* 355.

Heckhausen, H., Gollwitzer, P. M., & Weinert, F. E. (1987). *Jenseits des Rubikon.*
Berlin/ Heidelberg: Springer.

Hennecke, M., Bleidorn, W., Denissen, J. J. A., & Wood, D. (2014). A three-part framework for self-regulated personality development across adulthood. European Journal of Personality, 28(3), 289–299.

Higgins, E. T. (2012). Regulatory Focus Theory. 1n: P. A. M. van Lange, A. W. Kruglanski & E. T. Higgins (Hg.), *Handbook of theories of social psychology*, Bd. 1, Los Angeles et al.: Sage, 483 – 504.

Higgins, E. T. (1997). Beyond pleasure and pain. *American Psychologist*, 52(12), 1280–1300.

Hirschi, A. (2009). Career adaptability development in adolescence: Multiple predictors and effect on sense of power and life satisfaction. *Journal of Vocational Behavior*, 74(2), 145–155.

Hirschi, A., Abessolo, M., & Froidevaux, A. (2015). Hope as a resource for career exploration: Examining incremental and cross-lagged effects. *Journal of Vocational Behavior*, 86, 38 – 47.

Hirschi, A., Freund, P. A., & Herrmann, A. (2014). The career engagement scale: Development and validation of a measure of proactive career behaviors. *Journal of Career Assessment*, 22(4), 575 – 5e4.

Holland, R. W., Aarts, H., & Langendam, D. (2006). Breaking and creating habits on the working floor: A field-experiment on the power of implementation intentions. *Journal of Experimental Social Psychology*, 42(6), 776 –783.

Holliman, A. J., Waldeck, D., Jay, B., Murphy, S., Atkinson, E., Collie, R. J., & Martin, A. (2021). Adaptability and Social Support: Examining Links With Psychological Wellbeing Among UK Students and Non-students. *Frontiers in Psychology*, 12, 205.

Huang, J. L., Ryan, A. M., Zabel, K. L., & Palmer, A. (2014). Personality and adaptive performance at work: A meta-analytic investigation. *Journal of Applied Psychology*, 99(1), 162–17e.

Hudson, N. W., & Fraley, R. C. (2016). Changing for the better? Longitudinal associations between volitional personality change and psychological well-being. *Personality and Social Psychology Bulletin*, 42(5), 603–615.

Hudson, N. W., & Fraley, R. C. (2017). Volitional personality change. In *Personality development across the lifespan* (555–571). Academic Press.

Jackson, J. J., Hill, P. L., Payne, B. R., Roberts, B. W., & Stine-Morrow, E. A. (2012). Can an old dog learn (and want to experience) new tricks? Cognitive training increases openness to experience in older adults. *Psychology and Aging*, 27(2), 286–292.

James, W. (1890). *The Principles of Psychology*. New York/ London: Holt and Macmillan.

Ji, M. F., & Wood, W. (2007). Purchase and consumption habits: Not necessarily what you intend. *Journal of Consumer Psychology*, 17(4), 261–276.

Jia, L., Hirt, E. R., & Karpen, S. C. (200e). Lessons from a faraway land: The effect of spatial distance on creative cognition. *Journal of Experimental Social Psychology*, 45(5), 1127–1131.

Judah, G., Gardner, B., & Aunger, R. (2013). Forming a flossing habit: an exploratory study of the psychological determinants of habit formation. *British Journal of Health Psychology*, 18, 338–353.

Karademas, E. C. (2006). Self-efficacy, social support and well-being: The mediating role of optimism. *Personal Individual Differences*, 40, 1281–1290.

Kashdan, T. B., & Rottenberg, J. (2010). Psychological flexibility as a fundamental aspect of health. *Clinical Psychology Review*, 30 (7), 865–878.

Kaushal, N., & Rhodes, R. E. (2015). Exercise habit formation in new gym members: a longitudinal study. *Journal of Behavioral Medicine*, 38(4), 652–663.

Kennis, M., Rademaker, A. R., & Geuze, E. (2013). Neural correlates of personality: an integrative review. *Neuroscience & Biobehavioral*

Reviews, 37(1), 73 – 95.

Kirrane, M., Lennon, M., O'Connor, C., & Fu, N. (2017). Linking perceived management support with employees' readiness for change: the mediating role of psychological capital. *Journal of Change Management*, 17(1), 47–66.

Lally, P., van Jaarsveld, C. H. M., Potts, H. W. W., & Wardle, J. (2010). How are habits formed: modelling habit formation in the real world, *European Journal of Social Psychology*, 40(6), 998 –1009.

Lally, P., Chipperfield, A., & Wardle, J. (2008). Healthy habits: efficacy of simple advice on weight control based on a habit-formation model. *International Journal of Obesity*, 32, 700 –707.

Lally, P., Wardle, J., & Gardner, B. (2011). Experiences of habit formation: a qualitative study. *Psychology, health & medicine*, 16(4), 484 – 489.

Lally, P., & Gardner, B. (2013). Promoting habit formation. *Health Psychology Review*, 7, 137–158.

Larcom, S., Rauch, F., & Willems, T. (2017). The London Underground Network. Quarterly Journal of Economics, 132(4), 2019– 2055.

Lashley, K. S. (1951). The problem of serial order in behavior. In: L. A. Jeffress (Hg.), *Cerebral mechanisms in behavior*. Oxford: Wiley, S. 112–146.

Lazarus, R. S. (1991). Progress on a cognitive-motivational-relational theory of emotion. *American Psychologist*, 46, 819– 834.

Lazarus, R. S., & Folkman, S. (1e84). *Stress, appraisal, and coping*. New York: Springer.

Lee, D. S., Kim, E., & Schwarz, N. (2015). Something smells fishy: Olfactory suspicion cues improve performance on the Moses illusion and Wason rule-discovery task. *Journal of Experimental Social Psychology*, 59, 47– 50.

Liberman, N., Idson, L. C., Camacho, C. J., & Higgins, E. T. (1999). Promotion and prevention choices between stability and change. *Journal of Personality and Social Psychology*, 77(6), 1135–1145.

Lin, P. Y., Wood, W., & Monterosso, J. (2016). Healthy eating habits protect against temptations. *Appetite*, 103, 432–440.

Loersch, C., & Payne, B. K. (2011). The Situated Inference Model: An Integra-tive Account of the Effects of Primes on Perception, Behavior, and Motivation. *Perspectives on Psychological Science*, 6(3), 234–252.

Lopez, S. (2014). *Making Hope Happen*. New York: Atria Books.

Lyubomirsky, S., King, L., & Diener, E. (2005). The Benefits of Frequent Positive Affect: Does Happiness Lead to Success? *Psychological Bulletin*, 131(6), 803–855.

Madison, G., & Schiölde, G. (2017). Repeated listening increases the liking for music regardless of its complexity: Implications for the appreciation and aesthetics of music. *Frontiers in Neuroscience*, 11, 147 ff.

Maggiori, C., Johnston, C. S., Krings, F., Massoudi, K., & Rossier, J. (2013). The role of career adaptability and work conditions on general and professional well-being. *Journal of Vocational Behavior*, 83(3), 437–440.

Manoj, T., & Tsai, C. I., (2012). Psychological Distance and Subjective Experience: How Distancing Reduces the Feeling of Difficulty. *Journal of Consumer Research*, 3e(2), 324–340.

Mantzari, E., Vogt, F., Shemilt, I., Wei, Y., Higgins, J. P., & Marteau, T. M. (2015). Personal financial incentives for changing habitual health-related behaviors: A systematic review and meta-analysis. *Preventive Medicine*, 75, 75–85.

Markus, H., & Ruvolo, A. (1981). Possible Selves: Personalized Representations of Goals. In: L. A. Pervin (Hg.), *Goal Concepts in Personality and Social Psychology*. New York: Psychology Press, 211–241.

Marteau, T. M., Ogilvie, D., Roland, M., & Suhrcke, M. (2011). Judging Nudging: Can Nudging Improve Population Health? *BMJ Clinical*

Research 342, d228.

Martin, A. J., Nejad, H., Colmar, S. H., & Liem, G. A. D. (2012). Adaptability: Conceptual and Empirical Perspectives on Responses to Change, Novelty and Uncertainty. *Australian Journal of Guidance and Counselling*, 22(1), 58 – 81.

Martin, A. J., Nejad, H., Colmar, S. H., & Liem, G. A. D. (2013). Adaptability: How students' responses to uncertainty and novelty predict their academic and non-academic outcomes. *Journal of Educational Psychology*, 105, 728 – 746.

Masley, S., Roetzheim, R., & Gualtieri, T. (2009). Aerobic exercise enhances cognitive flexibility. *Journal of Clinical Psychology in Medical Settings*, 16(2), 186–193.

Mayer, J., & Mussweiler, T. (2011). Suspicious Spirits, Flexible Minds: When Distrust Enhances Creativity. *Journal of Personality and Social Psychology*, 101(6),1262–1277.

McDaniel, M. A., & Einstein, G. O. (1993). The importance of cue familiarity and cue distinctiveness in prospective memory. *Memory*, 1(1), 23 – 41.

Medlin, B., & Green, K. (2009). Enhancing performance through goal setting, engagement, and optimism. Industrial Management and Data Systems, 109, 943 – 956.

Mensmann, M., & Frese, M. (2017). Proactive Behavior Training. In: S. K. Parker & U.K. Bindl (Hg.), *Proactivity at Work*. New York: Routledge, 434 – 468.

Meyer, A. N., Murphy, G. C., Zimmermann, T., & Fritz, T. (2019). Enabling Good Work Habits in Software Developers through Reflective Goal-Setting. *1999 Transactions on Software Engineering*, 99, 1872–1885.

Michie, S., Abraham, C., Whittington, C., McAteer, J., & Gupta, S. (2009). Effective techniques in healthy eating and physical activity interventions: a meta-regression. *Health psychology*, 28(6), 690 –701.

Miller, G. A., Galanter, E., & Pribram, K. H. (1960). Plans and the Structure of Behavior. New York: Henry Holt.

Moreno-Jiménez, E. P., Flor-García, M., Terreros Roncal, J., Rábano, A., Cafini, F., Pallas Bazarra, N., Ávila, J., & Llorens-Martín, M. (2019). Adult hippocampal neurogenesis is abundant in neurologically healthy subjects and drops sharply in patients with Alzheimer's disease. *Nature Medicine*, 25(4), 1–7.

Morrison, R. W., & Hall, D. T. (2001). *A proposed model of individual adaptability*. Unveröffentlichtes Manuskript.

Mueller-Hanson, R. A., White, S. S., Dorsey, D. W., & Pulakos, E. D. (2005). *Training Adaptable Leaders: Lessons from Research and Practice*. Alexandria, VA: US Army Research Institute, Report No. 1844.

Naughton, C., & Wortmann, A. (2020). Adapting Adaptability. Vom theoretischen Modell zur angewandten Forschung. *Institut für Human Resource Management und Organisationspsychologie*, 1–3.

Naughton, C., & Steinle, A. (2018). *30 Minuten Zukunftsmut*. Offenbach: GABAL Verlag.

Naughton, C., & Zander-Schellenberg, T. (2019). Heros and Innovations. Empirische Untersuchung der Vorhersagekraft des PsyCap für das Innovationsverhalten. *Wirtschaftspsychologie*, 4, 69–82.

Neal, D. T., Wood, W., & Drolet, A. (2013). How do people adhere to goals when willpower is low? The profits (and pitfalls) of strong habits. *Journal of Personality and Social Psychology*, 104(6), 959–975.

Neal, D. T., Wood, W., Wu, M., & Kurlander, D. (2011). The pull of the past: When do habits persist despite conflict with motives? *Personality and Social Psychology Bulletin*, 37(11), 1428–1437.

Neal, D. T., Wood, W., & Quinn, J. M. (2006). Habits – A repeat performance. *Current Directions in Psychological Science*, 15(4), 198–202.

Niessen, C., Binnewies, C., & Rank, J. (2010). Disengagement in work-role transitions. *Journal of Occupational and Organizational Psychology*, 83(3), 695–715.

O'Brian, E., & Smith, R. W. (2019). Unconventional Consumption Methods and Enjoying Things Consumed: Recapturing the »First-Time« Experience. *Personality and Social Psychology Bulletin*, 45(1), 67–80.

O'Connell, D. J., McNeely, E., & Hall, D. T. (2008). Unpacking personal adaptability at work. *Journal of Leadership & Organizational Studies*, 14(3), 248–259.

Oehler, K.-H. (2014). The Global Talent Index Report: The Outlook to 2015. New York: Heidrick and Struggles.

Olson, M. S., & van Bever, D. (2009). *Stall Points: Most Companies Stop Growing – Yours Doesn't Have To*. Yale University Press.

Orbell, S., & Verplanken, B. (2010). The automatic component of habit in health behavior: habit as cue-contingent automaticity. *Health Psychology*, 29(4), 374–383. van Osch, L., Reubsaet, A., Lechner, L., & de Vries, H. (2008). The formation of specific action plans can enhance sun protection behavior in motivated parents. *Preventive Medicine*, 47(1), 127–132.

Otto, K., & Dalbert, C. (2012). Willingness to accept occupational change when offered incentives: Comparing full-time and part-time employees. *European Journal of Work and Organizational Psychology*, 21(2), 222–243.

Palumbo, R., Di Domenico, A., Fairfield, B., & Mammarella, N. (2021). When twice is better than once: increased liking of repeated items influences memory in younger and older adults. *BMC Psychology*, 9(1), 1–10.

Parent, J. D. (2006). *Individual adaptation to the changing workplace: Causes, consequences and outcomes*. Doctoral Dissertations Available from Proquest. AA13242353.

Payne, C. R., Niculescu, M., Just, D. R., & Kelly, M. P. (2014). Shopper marketing nutrition interventions. *Physiology & Behavior*, 136, 111–120.

Peng, W., Li, L., Kononova, A., Cotten, S., Kamp, K., & Bowen. M. (2021). Habit Formation in Wearable Activity Tracker Use Among Older Adults: Qualitative Study. *JMIR mHealth and uHealth*, 9(1).

Petrou, P., Baas, M., & Roskes, M. (2020). From prevention focus to adaptivity and creativity: The role of unfulfilled goals and work engagement. *European Journal of Work and Organizational Psychology*, 29(1), 36–48.

Ployhart, R. E., & Bliese, P. D. (2006). Individual adaptability (I-Adapt) theory: Conceptualizing the antecedents, consequences, and measurements of individual differences in adaptability. *Advances in Human Performance and Cognitive Engineering Research*, 6, 3–39.

Predmore, C. E., & Bonnice, J. G. (1994). Sales Success as Predicted by A Process Measure of Adaptability. *Journal of Personal Selling and Sales Management*, 14(4), 55–65.

Privitera, G. J., & Zuraikat, F. M. (2014). Proximity of foods in a competitive food environment influences consumption of a low calorie and a high calorie food. *Appetite*, 76.

Pulakos, E. D. (2009). *Performance Management: A New Approach for Driving Business Results*. New York: Wiley.

Pulakos, E. D., Arad, S., Donovan, M. A., & Plamondon, K. E. (2000). Adaptability in the workplace: development of a taxonomy of adaptive performance. *Journal of Applied Psychology*, 85(4), 612–624.

Quinn, J. M., Pascoe, A., Wood., W., & Neal, D. (2010). Can't Control Yourself? Monitor Those Bad Habits. *Personality and Social Psychology Bulletin*, 36(4), 499–511.

Quinn, J. M., & Wood, W. (2005). *Habits and social roles in a community sample*. Unveröffentlichtes Manuskript, Duke University.

Quoidbach, J., Gilbert, D. T., & Wilson, T. D. (2013). The End of History Illusion. *Science*, 339, 96–98.

Rank, J., Carsten, J. M., Unger, J. M., & Spector, P. E. (2007). Proactive customer service performance: Relationships with individual, task, and leadership variables. *Human Performance,* 20(4), 363 – 390.

Redmond, Mark V. (2015). Uncertainty Reduction Theory. *English Technical Reports and White Papers,* 3.

Reeves, B., Ram, N., Robinson, T. N., Cummings, J. J., Giles, C. L., Pan, J., Chiatti, A., Cho, M., Roehrick, K., Yang, X., Gagneja, A., Brinberg, M., Muise, D., Lu, Y., Luo, M., Fitzgerald, A., & Yeykelis, L. (2021). Screenomics: A Framework to Capture and Analyze Personal Life Experiences and the Ways that Technology Shapes Them. *Human-Computer Interaction,* 36(2), 150– 201.

Reeves, M., & Deimler, M. (2011). Adaptability: The New Competitive Advantage. *Harvard Business Review.* July-August.

Rego, A., Sousa, F., Marques, C., & Cunha, M. (2012). Retail employees self-efficacy and hope predicting their positive affect and creativity. *European Journal of Work and Organizational Psychology,* 21(6), 923 – 945.

Roberts, B. W., Luo, J., Briley, D. A., Chow, P. I., Su, R., & Hill, P. L. (2017). A systematic review of personality trait change through intervention.
Psychological Bulletin, 143(2), 117–141.

Robinson, L. (2012). Changeology. Cambridge/ UK: Green Books.

Roese, N. J., & Summerville, A. (2005). *What we regret most … and why. Personality & social psychology bulletin,* 31(9), 1273–1285.

Rothman, A. J., Sheeran, P., & Wood, W. (2009). Reflective and automatic processes in the initiation and maintenance of dietary change. *Annals of Behavioral Medicine,* 38(1), 4 –17.

Rovner, A. J., Nansel, T., Wang, J., & Iannotti, R. J. (2011). Food Sold in School Vending Machines Is Associated With Overall Student Dietary Intake. *Journal of Adolescent Health,* 48(1), 13–19.

Rubinstein, J. S., Meyer, D. E., & Evans, J. E. (2001). Executive control of cognitive processes in task switching. *Journal of Experimental Psychology: Human Perception and Performance*, 27(4), 763–797.

Sander, J., Schmiedek, F., Brose, A., Wagner, G. G., & Specht, J. (2017). LongTerm Effects of an Extensive Cognitive Training on Personality Development. *Journal of Personality*, 85(4), 454–463.

Schwabe, L., & Wolf, O. T. (2013). Stress and multiple memory systems: »thinking« to »doing«. *Trends in Cognitive Sciences*, 17(2), 60–68.

Schwabe, L., & Wolf, O. T. (2010). Socially evaluated cold pressor stress after instrumental learning favors habits over goal-directed action. *Psychoneuroendocrinology*, 35(7), 977–986.

Shields, G. S., Trainor, B. C., Lam, C. W., & Yonelinas, A. P. (2016): Acute stress impairs cognitive flexibility in men, not women. *Stress*, 19(5), 542–546.

Shiffrin, R. M., & Schneider, W. (1977). Controlled and automatic human information processing: II. Perceptual learning, automatic attending and a general theory. *Psychological Review*, 84(2), 127–190.

Škerlavaj, M., Cerne, M., Dysvik, A., Carlsen, A. (2017). *Capitalizing on Creativity at Work: Fostering the Implementation of Creative Ideas in Organizations.* Cheltenham/ UK: Edward Elgar Publishing.

Sloterdijk, P. (2009). *Du mußt dein Leben ändern.* Frankfurt am Main: Suhrkamp.

Smith, D. K. (1996). *Taking Charge of Change.* New York: Perseus Press.

Sniehotta, F. F., Scholz, U., & Schwarzer, R. (2005). Bridging the intentionbehaviour gap: Planning, self-efficacy, and action control in the adoption and maintenance of physical exercise. *Psychology & health*, 20(2), 143–160.

Sonnentag, S., & Frese, M. (2003). Stress in organizations. In: W. C. Borman, D. R. Ilgen & R. J. Klimoski (Hg.), *Handbook of psychology*. Hoboken/ NJ: Wiley, 453–491.

Sony, M., & Mekoth, N. (2016). The relationship between emotional intelligence, frontline employee adaptability, job satisfaction and job performance. *Journal of Retailing and Consumer Services*, 30, 20 – 32.

Stables, G. J., Subar, A. F., Patterson, B. H., Dodd, K., Heimendinger, J., van Duyn, M. A. S., & Nebeling, L. (2002). Changes in vegetable and fruit consumption and awareness among US adults: results of the 1991 and 1997 5 A Day for Better Health Program surveys. *Journal of the American Dietetic Association*, 102, 809– 817.

Stawarz, K., Cox, A. L., & Blandford, A. (2015). Beyond self-tracking and reminders: designing smartphone apps that support habit formation. In: *Proceedings of the 33rd annual ACM conference on human factors in computing systems*, 2653 – 2662.

Stojanovic, M., Fries, S., & Grund, A. (2021). Self-Efficacy in Habit Building: How General and Habit-Specific Self-Efficacy Influence Behavioral Automatization and Motivational Interference. *Frontiers in Psychology*, https://www.frontiersin.org/articles/10.3389/fpsyg.2021.643753/full.

Taylor, S., Kemeny, M. E., Reed, G. M., Bower, J. E., & Gruenewald, T. L. (2000). Psychological resources, positive illusions, and health. *American Psychologist*, 55, 99–109.

Thaler, R. H., & Sunstein, C. R. (2009). *Nudge: Wie man kluge Entscheidungen anstößt*. Berlin: Econ Verlag.

Tian, A. D., Schroeder, J., Haubl, G., Risen, J. L., Norton, M. I., & Gino, F. (2018). Enacting rituals to improve self-control. *Journal of Personality and Social Psychology*, 114(6), 851– 876.

Tobias, R. (2009). Changing behavior by memory aids: A social psychological model of prospective memory and habit development tested with dynamic field data. *Psychological Review*, 116(2), 408 – 438.

Tolman, E. C. (1948). Cognitive maps in rats and men. *Psychological Review*, 55(4), 189– 208.

Tolman, E. C. (1932). *Purposive Behavior in Animals and Men*. New York:

Century.

Townsend, D. J., & Bever, T. G. (2001). *Sentence comprehension: The integration of habits and roles*. Cambridge/MA: MIT Press.

Tricomi, E., Balleine, B. W., & O'Doherty, J. P. (2009). A specific role for posterior dorsolateral striatum in human habit learning. *Journal of Neuroscience*, 29(11), 2225–2232.

Tseng, H., & Kang, L. (2008). How does regulatory focus affect uncertainty towards organizational change? *Leadership & Organization Development Journal*, 29(8), 713–731.

Tugade, M. M., Fredrickson, B. L., & Feldman Barrett, L. (2004). Psychological resilience and positive emotional granularity: Examining the benefits of positive emotions on coping and health. *Journal of Personality*, 72, 1161–1190.

Verplanken, B., Aarts, H., & van Knippenberg, A. (1997). Habit, information acquisition, and the process of making travel mode choices. *European Journal of Social Psychology*, 27(5), 539–560.

Vives, M.-L., FeldmanHall, O. (2018). Tolerance to ambiguous uncertainty predicts prosocial behavior. Nature Communications, 9, https://doi.9.

Walker, I., Thomas, G. O., & Verplanken, B. (2015). Old habits die hard: Travel habit formation and decay during an office relocation. *Environment and Behavior*, 47(10), 1089–1106.

Wallace, J. C., Butts, M. M., Johnson, P. D., Stevens, F. G., & Smith, M. B. (2016). A multilevel model of employee innovation: Understanding the effects of regulatory focus, thriving, and employee involvement climate. *Journal of Management*, 42(4), 982–1004.

Wansink, B., & Payne, C. R. (2008). Eating behavior and obesity at Chinese buffets. *Obesity,* 16(8), 1957–1960.

Wäschle, K., Allgaier, A., Lachner, A., Fink, S., & Nückles, M. (2014). Procrastination and self-efficacy: Tracing vicious and virtuous circles in self-regulated learning. *Learning and Instruction*, 29, 103–114.

Weaver, M. J. (1981). *Metaphorical Interpretations of the Neurotic Paradox*. Thesis.

Webb, T. L., & Sheeran, P. (2006). Does Changing Behavioral Intentions Engender Behavior Change? A Meta-Analysis of the Experimental Evidence. *Psychological Bulletin*, 132(2), 249–268.

Whitehead, M., Johns, R., Howell, R., & Lilley, R. (2014). *Nudging all over the World: assessing the global impact of the behavioural sciences on Public Policy*. Economic and social research Council, Swindon (UK).

Wood, W., Quinn, J. M., & Kashy, D. A. (2002). Habits in everyday life: Thought, emotion, and action. *Journal of Personality and Social Psychology*, 83(6), 1281–1297.

Wood, W., Guerrero Witt, M., & Tam, L. (2005). Changing Circumstances, Disrupting Habits. *Journal of Personality and Social Psychology*, 88(6), 918–933.

Wood, W., Labrecque, J. S., Lin, P. Y., & Rünger, D. (2014). Habits in dual-process models. In: J. W. Sherman, B. Gawronski & Y. Trope (Hg.), *Dual-Process Theories of the Social Mind*. New York: Guilford, 371–385.

Wood, W., & Neal, D. T. (2007). A new look at habits and the habit-goal interface. *Psychological Revue*, 114, 843–863.

Wood, W., & Quinn, J. M. (2005). Habits and the structure of motivation in everyday life. In: J. P. Forgas, K. D. Williams & S. M. Laham (Hg.), *Social motivation: Conscious and unconscious processes*. Cambridge University Press, 55–70.

Wortmann, A. (2020). Das MBTI ist ein handgemalter Zollstock. *IHRO*, 1–4. Yang, X., Feng, Y., Meng, Y., & Qiu, Y. (2019). Career Adaptability, Work Engage-ment, and Employee Well-Being Among Chinese Employees: The Role of Guanxi. *Frontiers in Psychology*, 10, 1029–1034.

Yeung, N., & Monsell, S. (2003). Switching between tasks of unequal familiarity: the role of stimulus-attribute and response-set selection.

Journal of Experimental Psychology: Human perception and performance, 29(2), 455.

Zhao, Q., Wichman, A., & Frishberg, E. (2019). Self-Doubt Effects Depend on Beliefs about Ability: Experimental Evidence. *The Journal of General Psychology*, 146(3), 299–324.

Zhou, M., & Lin, W. (2015). Adaptability and Life Satisfaction: The Moderating Role of Social Support. *Frontiers in Psychology*, 7, 1134 ff.

亞當斯密 036

AQ 逆境商數
AQ: Warum Anpassungsfähigkeit die wichtigste Zukunftskompetenz ist

作　　　者	卡爾．諾頓（Carl Naughton）
譯　　　者	杜子倩

總　編　輯	簡欣彥
副總編輯	簡伯儒
責任編輯	梁燕樵
行銷企劃	黃怡婷
封面設計	FE
內頁排版	新鑫電腦排版工作室

出　　　版	堡壘文化有限公司
發　　　行	遠足文化事業股份有限公司（讀書共和國出版集團）
地　　　址	231 新北市新店區民權路 108-3 號 8 樓
電　　　話	02-22181417
Ｅｍａｉｌ	service@bookrep.com.tw
網　　　址	http://www.bookrep.com.tw
法律顧問	華洋法律事務所　蘇文生律師
印　　　製	韋懋實業有限公司
初版一刷	2024 年 8 月
定　　　價	380 元
ISBN	978-626-7506-09-7
EISBN	9786267506127（EPUB）
	9786267506134（PDF）

著作權所有・翻印必究
特別聲明：有關本書中的言論內容，不代表本公司／出版集團之立場與意見，文責由作者自行承擔。

AQ: Warum Anpassungsfähigkeit die wichtigste Zukunftskompetenz ist.
© 2022 GABAL Verlag GmbH, Offenbach
Published by GABAL Verlag GmbH
Complex Chinese rights arranged through CA-LINK International LLC (www.calink.cn)
ALL RIGHTS RESERVED.

國家圖書館出版品預行編目資料

AQ 逆境商數／卡爾．諾頓（Carl Naughton）著．杜子倩 譯 – 初版． – 新北市：堡壘文化
有限公司出版：遠足文化事業股份有限公司發行, 2024.08
　面；　公分 . --（亞當斯密；36）
譯自：AQ : Warum Anpassungfähigkeit die wichtigste Zukunftskompetenz ist.
ISBN 978-626-7506-09-7（平裝）
1. CST: 挫折　2. CST: 自我實現　3. CST: 職場成功法

494.35　　　　　　　　　　　　　　　　　　　113010717